—— Excel大百科全书 ——

Excel VBA

完整代码1109例
速查手册（下册）

韩小良◎著

中国水利水电出版社
www.waterpub.com.cn
·北京·

内 容 提 要

《Excel VBA完整代码1109例速查手册》分上下两册，共有1109个示例代码。下册共有13章，434个示例代码，主要介绍开发应用程序的各种技能技巧和实用代码，包括窗体和各种控件，VBA基本语法和常用语句，使用ADO对象处理数据，处理文本文件，处理Access数据库，操作文件和文件夹，通过后绑定来引用对象，打印工作表，创建和使用字典等。本书汇集了实际工作中最实用的VBA代码，凝聚了作者十几年Excel培训和咨询的心血结晶。通过学习本书，读者的工作效率会有飞速的提高！

《Excel VBA完整代码1109例速查手册》适合具有Excel基础知识的各类人员阅读，特别适合经常处理大量数据的各类人员阅读。本书也可作为大专院校经济类本科生、研究生和MBA学员的教材或参考书。

图书在版编目（CIP）数据

Excel VBA 完整代码 1109 例速查手册 . 下册 / 韩小良
著 . — 北京 : 中国水利水电出版社 , 2021.6
　ISBN 978-7-5170-9188-2

　Ⅰ . ① E… Ⅱ . ①韩… Ⅲ . ①表处理软件 Ⅳ .
① TP391.13

　中国版本图书馆 CIP 数据核字 (2021) 第 024683 号

书　　名	Excel VBA完整代码1109例速查手册（下册） Excel VBA WANZHENG DAIMA 1109 LI SUCHA SHOUCE (XIACE)
作　　者	韩小良　著
出版发行	中国水利水电出版社 （北京市海淀区玉渊潭南路1号D座100038） 网址：www.waterpub.com.cn E-mail：zhiboshangshu@163.com 电话：(010) 62572966-2205/2266/2201（营销中心）
经　　售	北京科水图书销售中心（零售） 电话：(010) 88383994、63202643、68545874 全国各地新华书店和相关出版物销售网点
排　　版	北京智博尚书文化传媒有限公司
印　　刷	河北华商印刷有限公司
规　　格	180mm×210mm　24开本　16.25印张　500千字　1插页
版　　次	2021年6月第1版　2021年6月第1次印刷
印　　数	0001—5000册
定　　价	79.80元

前言
Preface

　　我为很多企业作数据管理和数据分析咨询时，基本上都要用到Excel VBA。这让我在编程时，需要不断地去搜索、查找相关代码，非常耗时。

　　很多的VBA代码是基本通用的。Excel VBA的核心是各种对象的频繁使用，这就要求不断使用这些对象的各种属性和方法来编程、查阅帮助文件、录制宏等，因此会耗费大量的时间。

　　由于我编写了很多Excel VBA书籍，因此在编程时，很多代码就是从某个案例复制过来，然后再进行编辑加工，变成个性化的代码，从而我的编程效率要高于他人。因为自己在查阅搜索代码时感到不便，就动了一个念头：把各种实用的VBA代码做个整理归集，综合案例操作，分门别类地进行介绍。这样既方便自己查阅使用，也方便他人直接套用，进而提升大家的工作效率。

　　故此，编写了这本《Excel VBA完整代码1109例速查手册》，让大家从烦琐的搜索帮助信息中解放出来。一册在手，按照目录搜索，就能迅速得到现成的代码参考。

　　本书分上下两册，由我亲自编写并测试了1109个实用的完整VBA代码。这些代码基本涵盖了Excel VBA的各种应用、各种对象的操作方法，以及常见数据管理与数据分析的实用技能技巧，这些代码，凝聚了本人十几年Excel培训和咨询的心血，现在整理出来，分享给读者朋友。

　　本书的编写得到了朋友和家人的支持和帮助，在此表示衷心的感谢！

　　中国水利水电出版社的刘利民老师和秦甲老师也给予了很多帮助和支持，使得本书能够顺利出版，在此表示衷心的感谢。

　　在之后的时间里，我会继续完善补充各种VBA实用代码，让大家学习和应用起来更加方便、快捷。

　　欢迎加入QQ群一起交流，QQ群号676696308。

韩小良

Contents

目录

11

Chapter

12
Chapter

13

Chapter

15 Chapter

第15章　Text: 处理文本文件　/681

16 Chapter

第16章　Access: 数据库操作　/690

Chapter

08

UserForm对象：窗体启动与初始化

　　VBA用户窗体及其控件是Excel VBA的最重要的对象，是构成应用程序界面的基本模块。用户窗体的功能是为用户提供交互式的接口，使应用程序的界面美观实用，用户只需单击窗体界面上的相关按钮或菜单，就可以在窗体上或Excel工作表上获得所需要的数据，或通过窗体的有关控件对象，将数据进行计算整理并输出到Excel工作表上。

　　本章主要介绍关于用户窗体的基本方法。

8.1 启动与关闭用户窗体

启动用户窗体是使用 Show 方法，在启动用户窗体后，就可以在打开的用户界面上进行数据处理。

代码 8001 以无模式状态启动用户窗体

启动用户窗体有两种模式：有模式和无模式。

正常情况下，窗体是以有模式启动的，即当运行用户窗体时，只能操作用户窗体，而不能操作Excel工作表，除非关闭用户窗体。

而当将用户窗体设置为无模式状态时，即使启动用户窗体，也可以在工作表中进行输入数据、复制和粘贴工作表数据、切换工作表、使用Excel菜单和工具栏等操作，就好像这个窗体不存在一样。

要将用户窗体设置为无模式状态，既可以直接在窗体的属性窗口中进行设置，也可以通过程序来改变用户窗体的模式显示状态。参考代码如下。

```
Sub 代码8001()
    '无模式显示
    MsgBox "下面将用户窗体设置为无模式显示"
    UserForm1.Show vbModeless        '也可以用0代替vbModeless
    ' UserForm1.Show vbModal          '有模式显示(默认)
End Sub
```

代码 8002 将用户窗体显示在窗口的指定位置（StartupPosition 属性）

可以利用StartupPosition属性指定用户窗体启动时出现的位置。参考代码如下。

```
Sub 代码8002()
    Load UserForm1               '先将用户窗体装载入内存
    '以指定的位置显示窗体
    With UserForm1
    '    .StartUpPosition = 0     '没有指定初始设置
```

```
'       .StartUpPosition = 1        '在 UserForm 所属项目的中央
        .StartUpPosition = 2        '在整个屏幕的中央(默认)
'       .StartUpPosition = 3        '在屏幕的左上角
        .Show
    End With
End Sub
```

代码 8003 将用户窗体显示在窗口的指定位置（Left 属性和 Top 属性）

还可以利用Left属性和Top属性来指定用户窗体的显示位置。参考代码如下。

```
Sub 代码8003()
    Load UserForm1          '先将用户窗体装载入内存
    '以指定的位置显示窗体
    With UserForm1
        .StartUpPosition = 0    '此语句不可少
        .Left = 10
        .Top = 10
        .Show
    End With
End Sub
```

代码 8004 改变用户窗体的标题文字

利用Caption属性可以改变用户窗体的标题文字。

例如，启动窗体时，可以将用户窗体的标题文字改为当前的日期和时间。参考代码如下。

```
Sub 代码8004()
    With UserForm1
        .Caption = Format(Now, "现在是北京时间 yyyy年mm月dd日 aaaa hh:mm:ss")
        .Show
    End With
End Sub
```

代码 8005　在工作表上同时显示多个窗体

　　将要显示的窗体设置为无模式显示，就可以在工作表中同时显示多个窗体。在此基础上，还可以人工安排各个窗体的显示位置，从而方便查看和操作各个窗体。

　　下面的代码就是同时并排显示3个窗体。运行效果如图8-1所示。

```
Sub 代码8005()
    With UserForm1
        .Show 0
        .Left = 10
        .Top = 200
    End With
    With UserForm2
        .Show 0
        .Left = 320
        .Top = 200
    End With
    With UserForm3
        .Show 0
        .Left = 630
        .Top = 200
    End With
End Sub
```

图8-1　同时显示3个窗体

代码 8006 **在启动工作簿时仅显示用户窗体，而不显示 Excel 界面**

如果需要在启动工作簿时仅显示用户窗体，而不显示Excel界面，就需要在打开工作簿时，将Application对象的Visible属性设置为False，并显示窗体。

> **注意**
>
> 在关闭工作簿时，要将Application对象的Visible属性设置为True。参考代码如下。

```
Sub 代码8006()
'工作簿的Open事件程序
Private Sub Workbook_Open()
    Application.Visible = False
    UserForm1.Show
End Sub


'工作簿的BeforeClose事件程序
Private Sub Workbook_BeforeClose(Cancel As Boolean)
    Application.Visible = True
End Sub


'窗体上<关闭>按钮的Click事件程序
Private Sub CommandButton1_Click()
    ThisWorkbook.Close savechanges:=False
End Sub
```

代码 8007 **禁止以窗体右上角的"关闭"按钮关闭窗体**

一般情况下，单击窗体右上角的"关闭"按钮，就可以关闭窗体。

但在某些情况下，并不希望通过单击此按钮关闭窗体，这时就可以通过QueryClose事件来禁止单击窗体右上角的"关闭"按钮关闭窗体的操作。

下面的代码就是只能通过单击用户窗体上的"关闭"按钮来关闭窗体。

```
Sub 代码8007()
Private Sub UserForm_QueryClose(Cancel As Integer, CloseMode As Integer)
    If CloseMode = 0 Then
```

```
        MsgBox "请单击<关闭>按钮来关闭窗体"
        Cancel = True
    End If
End Sub


'以<关闭>按钮来关闭窗体
Private Sub CommandButton1_Click()
    Unload Me
End Sub
```

8.2 初始化窗体

当启动窗体时，一般需要对窗体进行初始化处理，即做一些必要的准备工作。例如，设置控件的初始值、建立与数据库的连接、引用工作表等，此时需要使用窗体的 Initialize 事件。

代码 8008　初始化与工作簿的连接

常见的情况是初始化与工作簿的连接，以便于准备操作工作簿和工作表，这主要通过定义模块级变量来实现。参考代码如下。

```
Sub 代码8008()
'定义模块级变量
Dim wb As Workbook
Dim wsBasic As Worksheet
Dim wsRec As Worksheet


'窗体初始化事件
Private Sub UserForm_Initialize()
    Set wb = ThisWorkbook
    Set wsBasic = wb.Worksheets("基本资料")
    Set wsRec = wb.Worksheets("记录单")
```

```
      Me.Caption = "已建立与工作簿和工作表连接"
End Sub
```

代码 8009　初始化窗体控件

真正的应用程序，窗体上会有很多控件，当启动窗体后，一般需要对窗体控件进行初始化处理。例如，清空文本框、设置组合框项目等，此时也要使用Initialize事件进行处理。

下面的代码是将文本框清空，设置两个组合框项目，一个组合框项目来源固定；一个组合框项目来源是工作表数据。运行效果如图8-2所示。

```
Sub 代码8009()
'定义模块级变量
Dim wb As Workbook
Dim wsBasic As Worksheet
Dim wsRec As Worksheet

'窗体初始化事件
Private Sub UserForm_Initialize()
    Me.Caption = "销售管理系统"
    Set wb = ThisWorkbook
    Set wsBasic = wb.Worksheets("基本资料")
    Set wsRec = wb.Worksheets("记录单")
    TextBox1.Value = ""
    TextBox2.Value = ""
    With ComboBox1
      .AddItem "北区"
      .AddItem "南区"
      .AddItem "西区"
      .AddItem "东区"
      .Value = "--选择地区--"
    End With
    With ComboBox2
      .RowSource = "基本资料!A1:A" & wsBasic.Range("A10000").End(xlUp).Row
      .Value = "--选择产品--"
```

```
        End With
End Sub
```

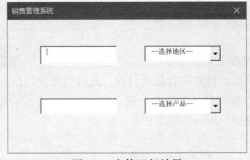

图8-2　窗体运行效果

09

Control对象：控件一般性操作

控件是用户界面的重要组成部分，一个友好的用户界面是各种控件的组合。常用的控件有标签（Label）、文本框（TextBox）、复合框（ComboBox）、列表框（ListBox）、复选框（CheckBox）、选项按钮（OptionButton）、框架（Frame）、命令按钮（CommandButton）、滚动条（ScrollBar）和多页（MultiPage）等。

本章介绍控件共有属性的操作，如可操作性、可见性和格式化等。

9.1　引用窗体上的控件

引用窗体上的控件一般是直接使用控件名称，但当窗体上有大量控件时，可以使用更为简便的方法来提高效率，本节将介绍几个相关的技能技巧。

代码 9001　引用当前窗体上的控件

要引用窗体上的控件，既可以直接使用控件名，也可以在控件名前加关键字Me。
下面的代码是引用当前窗体上的文本框控件，并显示出该文本框中的数据。

```
Sub 代码9001()
Private Sub CommandButton1_Click()
    MsgBox TextBox1.Value
    'MsgBox Me.TextBox1.Value
End Sub
```

代码 9002　引用窗体上的某类控件

使用Controls集合可以引用窗体上的所有控件或某类控件。
下面的代码是引用当前窗体上所有的文本框控件，并在这些文本框中输入100。

```
Sub 代码9002()
Private Sub CommandButton1_Click()
    Dim myCnt As Control
    For Each myCnt In Me.Controls
      If TypeName(myCnt) = "TextBox" Then
        myCnt.Object.Value = 100
      End If
    Next
End Sub
```

代码 9003　引用窗体上的所有控件

使用Controls集合可以引用窗体上的所有控件。

下面的代码是引用当前窗体上的所有控件，并将这些控件的名称、Caption属性和Value值输入到工作表中。

```
Sub 代码9003()
Private Sub CommandButton1_Click()
    On Error Resume Next
    Dim ws As Worksheet
    Dim i As Integer
    Set ws = Worksheets(1)
    ws.Cells.Clear
    For i = 1 To Me.Controls.Count
        ws.Range("A" & i).Value = Me.Controls(i).Name
        ws.Range("B" & i).Value = Me.Controls(i).Caption
        ws.Range("C" & i).Value = Me.Controls(i).Value
    Next i
    Set ws = Nothing
End Sub
```

代码 9004　引用其他窗体上的控件

　　要引用其他窗体上的控件，必须在要引用的控件前面加上该控件所在的窗体名称。
　　下面的代码是在当前窗体（UserForm1）中引用名称为UserForm2的窗体上的文本框TextBox1，并将该文本框的数据显示在当前窗体的标签Label1中。

```
Sub 代码9004()
Private Sub UserForm_Initialize()
    Me.Label1.Caption = "UserForm2窗体上文本框TextBox1的值为:" _
    & UserForm2.TextBox1.Text
End Sub
```

代码 9005　初始化用户窗体上的所有控件

　　任何一个控件都有其默认的属性值，如文本框的默认值为空值。
　　可以采用循环的方法，对窗体上的所有控件进行初始化，即恢复其默认的属性值。这个初始化过程是通过用户窗体的初始化事件程序（Initialize）来完成的。

当然，读者也可以将这些程序代码编写成一个子程序，以便能够在任何地方进行调用。

```
Sub 代码9005()
Private Sub UserForm_Initialize()
    Dim Ctl As Control
    For Each Ctl In Me.Controls
        Select Case TypeName(Ctl)
            Case "TextBox"
                Ctl.Value = ""
            Case "ComboBox"
                Ctl.Value = "请选择输入"
            Case "Listbox"
                Ctl.ListIndex = -1
            Case "ToggleButton", "OptionButton", "CheckBox"
                Ctl.Value = False
            Case "ScrollBar", "SpinButton"
                Ctl.Value = Ctl.Min
            Case "TabStrip", "MultiPage"
                Ctl.Value = 0
        End Select
    Next
End Sub
```

代码 9006 获取被选择的控件的有关信息

利用ActiveControl属性可以获取被选中（也就是正在使用）控件的有关信息（如名称、值、位置、高度和宽度等信息）。

在下面的程序中，可以通过单击窗体上的命令按钮CommandButton1来显示被选中控件的有关信息。这里列举了控件的名称、值、高度和宽度、左侧位置和顶部位置及Tab顺序值。

注意

这里的位置是相对于用户窗体而言的。

由于这里是通过单击窗体上的命令按钮CommandButton1，来显示被选中控件的有关信息的，因此需要在窗体的初始化程序中，将该命令按钮的TakeFocusOnClick属性设置为False，即语句"Me.CommandButton1.TakeFocusOnClick = False"是必不可少的。

```
Sub 代码9006()
Private Sub UserForm_Initialize()
    Me.CommandButton1.TakeFocusOnClick = False
End Sub


Private Sub CommandButton1_Click()
    MsgBox "被选择控件的有关信息如下:" & vbCrLf & vbCrLf _
    & "控件名称:" & Me.ActiveControl.Name & vbCrLf _
    & "控件值:" & Me.ActiveControl.Object.Value & vbCrLf _
    & "高度:" & Me.ActiveControl.Height & vbCrLf _
    & "宽度:" & Me.ActiveControl.Width & vbCrLf _
    & "左侧位置:" & Me.ActiveControl.Left & vbCrLf _
    & "顶部位置:" & Me.ActiveControl.Top & vbCrLf _
    & "Tab顺序值:" & Me.ActiveControl.TabIndex
End Sub
```

9.2　控件常规属性设置

不论是哪种类型的控件，它们都有一些共有的属性可以通过代码来统一设置，这样可以提高工作效率。下面介绍几个相关的技能技巧。

代码 9007　将控件变为不可操作（显示灰色）

在实际操作中，可能需要将某些控件设置为不可操作状态，这时只要将控件的Enabled属性设置为False，就可以实现这个目的。如果想将该控件重新变为可操作状态，则只需将Enabled属性设置为True即可。

在下面的代码中，将用户窗体UserForm1上的所有文本框通过显示灰色的方式设置为不可操作状态。运行效果如图9-1所示，此时文本框均呈灰色，为不可操作状态。

```
Sub 代码9007()
Private Sub UserForm_Initialize()
    Dim Ctl As Control
    For Each Ctl In Me.Controls
```

```
        If TypeName(Ctl) = "TextBox" Then
            Ctl.Object.Value = 10000
            Ctl.Object.Enabled = False
        End If
    Next
End Sub
```

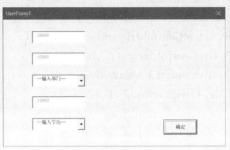

图9-1　文本框变灰，不可操作

代码 9008　将控件变为不可操作（锁定）

将控件设置为不可操作状态，除了采用将控件的Enabled属性设置为False的方法外，还可以采用锁定控件的方法，即将控件的Locked属性设置为True。

此时，尽管控件仍可正常显示，但不可操作。如果想将该控件变为可操作状态，则只需将Locked属性设置为False即可。

在下面的程序中，将用户窗体UserForm1上的文本框TextBox1和文本框TextBox2通过锁定的方式设置为不可操作状态。

```
Sub 代码9008()
Private Sub UserForm_Initialize()
    TextBox1.Locked = True
    TextBox2.Locked = True
End Sub
```

代码 9009　让控件隐藏 / 显示（Visible 属性）

利用Visible属性可以隐藏或显示控件。将控件的Visible属性设置为False，会隐藏控件；

将控件的Visible属性设置为True，会显示控件。

窗体上的某些控件，在某种情况下需要显示，而在另一种情况下则需要隐藏，这时可以通过设置Visible属性来达到这个目的。

在下面的程序中，通过单击窗体上的命令按钮CommandButton1，来实现文本框TextBox1的隐藏和显示。

```
Sub 代码9009()
Private Sub CommandButton1_Click()
    If TextBox1.Visible = True Then
        TextBox1.Visible = False
        CommandButton1.Caption = "显示文本框"
    Else
        TextBox1.Visible = True
        CommandButton1.Caption = "隐藏文本框"
    End If
End Sub
```

代码 9010 当鼠标指针停留在控件上面时显示提示信息

通过提示信息，可以方便地了解各个控件的功能，从而能够正确使用这些控件，此时可以利用ControlTipText属性来设置当鼠标指针停留在控件上面时的提示信息显示。

下面的代码是为窗体上的文本框TextBox1和复合框ComboBox1设置鼠标指针提示信息。

```
Sub 代码9010()
Private Sub UserForm_Initialize()
    TextBox1.ControlTipText = "输入名称"
    ComboBox1.ControlTipText = "选择部门"
End Sub
```

运行窗体，将鼠标指针移到文本框或复合框的上面，就会出现提示文字，如图9-2和图9-3所示。

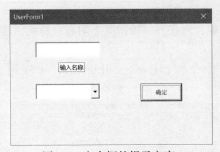

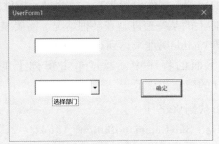

图9-2　文本框的提示文字　　　　　　　　图9-3　复合框的提示文字

代码 9011　当鼠标指针停留在控件上面时改变鼠标指针的类型

利用MousePointer属性可以设置当鼠标指针停留在控件上面时改变鼠标指针的类型。

下面的代码为窗体上的文本框TextBox1设置鼠标指针停留在控件上面时的鼠标指针类型为帮助型，如图9-4所示。

```
Sub 代码9011()
Private Sub UserForm_Initialize()
    TextBox1.MousePointer = fmMousePointerCustom
End Sub
```

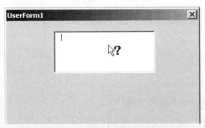

图9-4　鼠标指针变为帮助型指针

代码 9012　当鼠标指针停留在控件上面时改变鼠标指针的图像

利用MouseIcon属性，还可以设置当鼠标指针停留在控件上面时鼠标的图像，这样使得鼠标指针变得更加生动，也使得各个控件的功能更加清楚。

下面的代码对窗体上所有的文本框设置鼠标指针的书写图像，即当鼠标指针停留在这些文本框上面时，就显示鼠标的书写图像。这里假定窗体上有3个文本框，名称分别为TextBox1、TextBox2和TextBox3。

```
Sub 代码9012()
Private Sub UserForm_Initialize()
    Dim i As Integer
    For i = 1 To 3
        Me.Controls("TextBox" & CStr(i)).MousePointer = 99
        Me.Controls("TextBox" & CStr(i)).MouseIcon = _
            LoadPicture(ThisWorkbook.Path & "\hibeam.ico")
    Next i
End Sub
```

💧注意：

（1）只有当MousePointer属性设置为99时，MouseIcon属性才有效。

（2）确认引用的鼠标指针图像文件存在于系统中，设置时包含完整的文件路径。

运行窗体,将鼠标指针移到文本框的上面,鼠标指针图像就会变为书写图像,如图9-5所示。

图9-5　鼠标指针图像变为书写图像

代码 9013 设置控件的焦点

利用SetFocus方法可以将焦点移到指定的控件上。

在下面的程序中，在打开窗体时，会自动将焦点移到文本框TextBox1上。

```
Sub 代码9013()
Private Sub UserForm_Initialize()
    TextBox1.SetFocus
End Sub
```

代码 9014　设置控件的背景色和前景色

利用BackColor属性和ForeColor属性可以设置控件的背景色和前景色。

在下面的程序中，在打开窗体时，分别对文本框TextBox1和选项按钮OptionButton1的背景色和前景色进行设置。运行效果如图9-6所示。

```
Sub 代码9014()
Private Sub UserForm_Initialize()
  With TextBox1
    .BackColor = &H80000018
    .ForeColor = vbBlue
  End With
  With OptionButton1
    .BackColor = &H8000000B
    .ForeColor = &HFF&
  End With
End Sub
```

图9-6　控件的背景色和前景色设置

代码 9015　设置控件的字体格式

利用Font属性可以设置控件的字体格式。

在下面的程序中，在打开窗体时，分别对2个选项按钮OptionButton1和OptionButton2的字体格式进行设置。运行效果如图9-7所示。

```
Sub 代码9015()
Private Sub UserForm_Initialize()
```

```
    With OptionButton1
        .Caption = "同比分析"
        .ForeColor = vbBlue
        With .Font
            .Name = "微软雅黑"
            .Size = 12
            .Bold = True
            .Underline = True
        End With
    End With
    With OptionButton2
        .Caption = "预算分析"
        .ForeColor = vbRed
        With .Font
            .Name = "微软雅黑"
            .Size = 12
            .Bold = True
            .Underline = True
        End With
    End With
End Sub
```

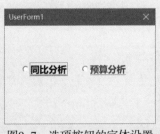

图9-7　选项按钮的字体设置

代码 9016　**为控件添加图片**

利用Picture属性可以在控件上添加图片，从而使控件更加美观，功能更加明确。

在下面的程序中，在打开窗体时，对命令按钮添加一个Excel图标。

```
Sub 代码9016()
Private Sub UserForm_Initialize()
    With CommandButton1
        .Font.Size = 12
        .Caption = "导出到Excel"
        .Picture = LoadPicture(ThisWorkbook.Path & "\按钮.bmp")
        .PicturePosition = fmPicturePositionLeftCenter
    End With
End Sub
```

● 注意

确认引用的位图文件存在于文件夹中，并在文件名中包括路径。

运行效果如图9-8所示。

图9-8　运行效果

10

Control对象：常用控件及其应用

窗体上的所有控件组成了一个完整的用户界面。在设计用户界面之前，首先要了解各种控件的使用方法和相关的代码。

10.1 CommandButton: 命令按钮

命令按钮通常用于当用户单击时完成某项操作，如启动、结束和中断一项或一系列操作。本节主要介绍命令按钮的常用操作方法和技巧。

代码 10001 设置默认按钮

为了简化操作，可以将窗体上的某个命令按钮设置为默认按钮，即按Enter键就等于单击该按钮。参考代码如下。

```
Sub 代码10001()
Private Sub CommandButton1_Click()
    MsgBox "按Enter键，就是单击这个按钮了"
End Sub


Private Sub UserForm_Initialize()
    CommandButton1.Default = True
End Sub
```

> **注意**
>
> 在一个窗体中，只有一个命令按钮可被设为默认按钮。如果将某一命令按钮的Default属性设为True，则窗体中的其他对象的Default属性将自动设为False。

代码 10002 设置取消按钮

将某个命令按钮设置为取消按钮，即当按Esc键时就等于单击该按钮。

下面的代码是将命令按钮CommandButton2设置为取消按钮，当按Esc键时就关闭窗体。

```
Sub 代码10002()
Private Sub UserForm_Initialize()
    CommandButton1.Default = True
    CommandButton2.Cancel = True
End Sub
```

```
Private Sub CommandButton2_Click()
    End
End Sub
```

注意

在一个窗体中，只有一个命令按钮可被设为取消按钮。如果将某一命令按钮的 Cancel 属性设为 True，则窗体中的其他对象的Cancel属性将自动设为False。

代码 10003　在按钮中显示程序运行状态

可以对命令按钮的背景色和前景色及标题文字进行设置，以显示程序的执行过程。下面的代码是在按钮中显示程序运行的状态。

```
Sub 代码10003()
Private Sub UserForm_Initialize()
    CommandButton1.Default = True
    CommandButton1.Caption = "确定"
End Sub


Private Sub CommandButton1_Click()
    For i = 1 To 100000          '模拟计算
      x = Rnd
      CommandButton1.Caption = "正在计算..." & Format(i / 100000, "0%")
      DoEvents
    Next i
    MsgBox "计算完毕"
    CommandButton1.Caption = "计算结束"
    DoEvents
End Sub
```

运行窗体，如图10-1所示。单击"确定"按钮，则会在该按钮上显示文字"正在计算…28%"，如图10-2所示。计算结束后，按钮标题变为"计算结束"，如图10-3所示。

在启动窗体时，对按钮进行初始化，CommandButton1 按钮的标题显示默认的"确定"。

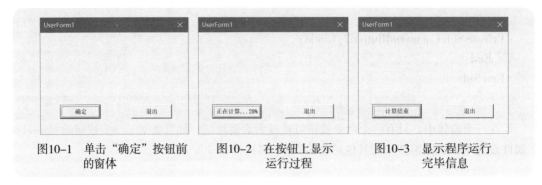

图10-1　单击"确定"按钮前　　图10-2　在按钮上显示　　图10-3　显示程序运行
　　　　的窗体　　　　　　　　　　　运行过程　　　　　　　　完毕信息

代码10004　命令按钮的默认事件（Click）

命令按钮的默认事件是Click事件，也是常用的事件，就是在单击按钮时，启动Click事件并运行程序。

为命令按钮创建Click事件的程序很简单，双击按钮就会打开默认的Click事件代码窗口，如图10-4所示。

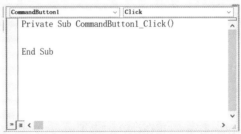

图10-4　CommandButton1对象的Click事件

下面的代码是实现在单击"保存"按钮时，将在窗体中输入的数据保存到Excel工作表的最后一行。运行程序前工作表原始数据如图10-5所示。窗体界面如图10-6所示。运行效果如图10-7所示。

```
Sub 代码10004()
Private Sub CommandButton1_Click()
    Dim ws As Worksheet
    Dim n As Long
    Set ws = ThisWorkbook.Worksheets(1)
    With ws
```

```
        n = .Range("A10000").End(xlUp).Row + 1
        .Range("A" & n) = TextBox1.Value
        .Range("B" & n) = TextBox2.Value
        .Range("C" & n) = TextBox3.Value
        .Range("D" & n) = TextBox4.Value
    End With
End Sub
```

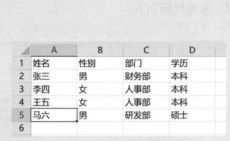

图10-5　工作表原始数据

图10-6　运行窗体，输入数据

图10-7　单击"保存"按钮，数据保存

10.2　Label：标签

标签主要用于对其他控件进行备注说明。例如，在图 10-7 中，就是使用了标签对 4 个文本框进行说明。

> 标签的主要属性是 Caption，用于输入或显示文本字符，在有些情况下，还可以使用标签来显示计算过程或计算结果。
>
> 用于标注其他控件时，标签的 Caption 属性一般是在设计窗体时手动修改。
>
> 合理设置标签的 BackColor 属性和 ForeColor 属性，可以使标签更加醒目。

代码10005 | 显示计算过程

在窗体上插入一个标签，用于显示计算过程，参考代码如下。

```vba
Sub 代码10005()
Private Sub UserForm_Initialize()
    '初始化标签
    With Label1
        .BackColor = &H80000016
        .ForeColor = vbBlue
        With .Font
            .Size = 11
            .Name = "微软雅黑"
        End With
        .SpecialEffect = fmSpecialEffectSunken
        .TextAlign = fmTextAlignLeft
    End With
End Sub

Private Sub CommandButton1_Click()
    For i = 1 To 100000
        Label1.Caption = "正在进行计算，请稍候....(" & Format(i / 100000, "0%)")
        DoEvents
    Next i
End Sub
```

运行效果如图10-8所示。

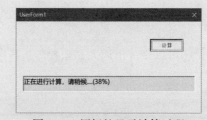

图10-8 用标签显示计算过程

代码 10006 显示计算结果

用标签显示计算结果的一个好处是，在启动窗体的情况下，只能显示结果，而不能修改计算结果。这个要比文本框好，因为文本框里显示的结果可能被不小心清除。

参考代码如下。

```
Sub 代码10006()
Private Sub CommandButton1_Click()
    Dim ws As Worksheet
    Dim 总人数 As Integer
    Dim 男人数 As Integer
    Dim 女人数 As Integer
    Set ws = ThisWorkbook.Worksheets(1)
    总人数 = ws.Range("B10000").End(xlUp).Row – 1
    男人数 = WorksheetFunction.CountIf(ws.Range("H:H"), "男")
    女人数 = WorksheetFunction.CountIf(ws.Range("H:H"), "女")
    Label1.Caption = "总人数:" & 总人数 & ", 其中: 男人数 " & 男人数 & ", 女人数 " & 女人数
End Sub
```

运行效果如图10-9所示。

图10-9 显示计算结果

设计进度条

利用标签的Caption属性，还可以设计出用来显示程序运行过程的进度条。其设计界面如图10-10所示。

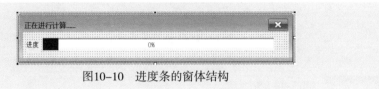

图10-10　进度条的窗体结构

这个进度条窗体上共有4个标签，它们的属性可以手动设置，也可以在程序里自动调整。为便于学习标签的各种属性，这里在程序中进行了自动设置。参考代码如下。

```
Sub 代码10007()
Private Sub UserForm_Initialize()
  '初始化进度条
  With UserForm1
    .Caption = "正在进行计算......"
    .Height = 60
    .Width = 350
  End With
  With Label1
    .Left = 26
    .Top = 8
    .Caption = ""
    .BackColor = vbWhite
    .SpecialEffect = fmSpecialEffectSunken
    .Height = 15
    .Width = 300
  End With
  With Label2
    .Left = 6
    .Top = 8
    .Caption = "进度"
  End With
```

```
With Label3
    .Left = 26
    .Top = 8
    .Caption = ""
    .BackColor = vbBlue
    .Height = 15
    .Width = 20
    .SpecialEffect = fmSpecialEffectSunken
End With
With Label4
    .Left = 162
    .Top = 8
    .Caption = "%"
    .BackColor = vbRed
    .Font.Bold = True
    .Font.Size = 11
    .Height = 15
    .Width = 20
    .BackStyle = fmBackStyleTransparent
End With
End Sub
```

编制一个模拟计算程序，参考代码如下。

```
Sub 代码10007_1()
Public Sub 模拟计算()
    With UserForm1
        .Show 0
        For i = 1 To 100000
        '显示计算进度条(模拟计算过程)
            .Label3.Width = Int(i / 100000 * 300)
            .Label4.Caption = CStr(Int(i / 100000 * 100)) + "%"
            DoEvents
        Next i
    End With
End Sub
```

运行上面的程序，就可以观察进度条所显示的计算过程情况，如图10-11所示。

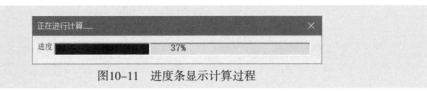

图10-11　进度条显示计算过程

代码10008　使用 Click 事件控制操作

标签的默认事件是Click事件，可以使用这个事件控制一些操作。例如，单击标签就打开一个窗体或一个文件等。

如图10-12所示，窗体左下角是一个标签，单击这个标签就可以打开Word文档的"帮助信息"。

图10-12　帮助信息标签

在窗体的初始化程序里，设置了当鼠标指针移到标签上方时的鼠标指针形状。该标签的Click事件的参考代码如下。

```
Sub 代码10008()
Private Sub UserForm_Initialize()
    Label1.MousePointer = fmMousePointerHelp
End Sub


Private Sub Label1_Click()
    Dim docApp As Object
    Set docApp = CreateObject("Word.Application")
    With docApp
```

```
            .Documents.Open ThisWorkbook.Path & "\帮助信息.docx"
            .Visible = True
            .Activate
        End With
    End Sub
```

10.3 TextBox：文本框

文本框用于接收用户输入的信息或显示系统提供的文本信息。文本框是最常用的控件之一，为了实现数据交互，文本框必不可少。

代码 10009　获取文本框的数据

TextBox控件的默认属性是Text和Value，也就是文本框的文本字符。如果想要获取文本框里的文本字符，可以使用这两个属性。

下面的代码是获得窗体上两个文本框的销量和单价，计算得出销售额，然后输入到工作表。这里，使用了Value属性来获取窗体上文本框的数据。

窗体结构如图 10-13 所示。运行效果如图 10-14 所示。

```
Sub 代码10009()
Private Sub CommandButton1_Click()
    Dim ws As Worksheet
    Dim n As Long
    Set ws = ThisWorkbook.Worksheets(1)
    With ws
        n = .Range("A10000").End(xlUp).Row + 1
        .Range("A" & n) = TextBox1.Value
        .Range("B" & n) = TextBox2.Value
        .Range("C" & n) = TextBox3.Value
        .Range("D" & n) = TextBox4.Value
        .Range("E" & n) = (TextBox3.Value) * (TextBox4.Value)
    End With
End Sub
```

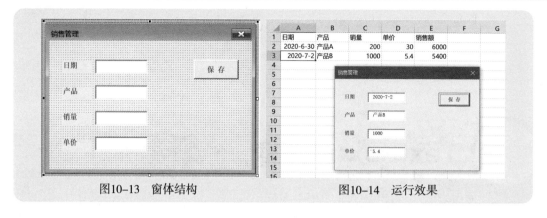

图10-13　窗体结构　　　　　　图10-14　运行效果

代码 10010　向文本框输入数据

　　向文本框输入数据的方法有两种：一是在用户界面上手动输入数据；二是将获取的数据自动显示到文本框中。

　　下面的代码是从工作表中查找指定的数据，查到后就显示到相应窗体中。窗体结构如图10-15所示。这里已经将5个文本框重新命名。

```
Sub 代码10010()
Private Sub UserForm_Initialize()
    性别.Locked = True
    部门.Locked = True
    出生日期.Locked = True
    年龄.Locked = True
End Sub


Private Sub CommandButton1_Click()
    Dim ws As Worksheet
    Dim n As Long
    Set ws = ThisWorkbook.Worksheets(1)
    On Error GoTo aaaa
    With ws
      n = WorksheetFunction.Match(姓名.Value, ws.Range("A:A"), 0)
      性别.Value = .Range("B" & n)
```

```
    部门.Value = .Range("C" & n)
    出生日期.Value = .Range("D" & n)
    年龄.Value = .Range("E" & n)
    .Rows(n).Select
End With
Exit Sub
aaaa:
    MsgBox "没有要查找的员工", vbCritical
End Sub
```

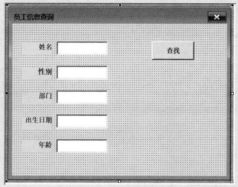

图10-15　窗体结构

在"姓名"文本框里输入要查找的姓名，单击"查找"按钮。运行效果如图10-16所示。

图10-16　程序运行效果

代码 10011 文本框设置为必须输入状态

利用文本框的Exit事件可以将文本框设置为必须输入状态，如果在文本框中没有输入任何内容，就会禁止焦点的移动。参考代码如下。

```
Sub 代码10011()
Private Sub TextBox1_Exit(ByVal Cancel As MSForms.ReturnBoolean)
    If Len(TextBox1.Text) = 0 Then
        MsgBox "请在文本框中输入数据", vbCritical + vbOKOnly
        Cancel = True
    End If
End Sub
```

运行效果如图10-17所示，当在第一个文本框中没有输入数据时，如果移动光标，就会弹出警告框。

图10-17 运行效果

代码 10012 限制只能在文本框内输入汉字（全角字符）

利用文本框的KeyPress事件来限制只能在文本框内输入汉字（全角字符），如果不满足条件，就发出响声，禁止移出焦点。参考代码如下。这里，使用了转换函数StrConv对键入的字符进行转换。

```
Sub 代码10012()
Private Sub TextBox1_KeyPress(ByVal KeyAscii As MSForms.ReturnInteger)
    If StrConv(KeyAscii, vbWide) = KeyAscii Then
        KeyAscii = 0: Beep
    End If
End Sub
```

代码 10013 限制只能在文本框内输入英文字母

利用文本框的KeyPress事件来限制只能在文本框内输入英文字母（包括小写字母和大写字母）。参考代码如下。

```
Sub 代码10013()
Private Sub TextBox1_KeyPress(ByVal KeyAscii As MSForms.ReturnInteger)
    If (KeyAscii < Asc("a") Or KeyAscii > Asc("z")) _
    And (KeyAscii < Asc("A") Or KeyAscii > Asc("Z")) Then
        KeyAscii = 0: Beep
    End If
End Sub
```

代码 10014 限制只能在文本框内输入阿拉伯数字、小数点和负号

利用文本框的KeyPress事件来限制只能在文本框内输入阿拉伯数字、小数点和负号。参考代码如下。

```
Sub 代码10014()
Private Sub TextBox1_KeyPress(ByVal KeyAscii As MSForms.ReturnInteger)
    If (KeyAscii < Asc("0") Or KeyAscii > Asc("9")) _
    And KeyAscii <> Asc(".") And KeyAscii <> Asc("–") Then
        KeyAscii = 0: Beep
    End If
End Sub
```

代码 10015 限制只能在文本框内输入日期

利用文本框的Exit事件的Cancel参数来限制文本框内的输入值类型。如果在文本框中输入的数据不是日期，就禁止焦点的移动。在下面的代码中只能输入6位数字编码。

```
Sub 代码10015()
Private Sub TextBox1_Exit(ByVal Cancel As MSForms.ReturnBoolean)
    With TextBox1
        If Len(.Text) = 0 Then
```

```
        Exit Sub
    Else
        If IsDate(CDate(.Text)) Then
            Exit Sub
        Else
            .Value = ""
            Cancel = True
        End If
    End If
End With
End Sub
```

代码 10016 限制文本框内的字符长度

利用文本框的MaxLength属性来限制文本框内的字符长度，在启动窗体时，就自动设置文本框中的字符长度。下面的代码就是限定在文本框中最多输入18个字符。

```
Sub 代码10016()
Private Sub UserForm_Initialize()
    TextBox1.MaxLength =18      '指定允许输入数据的最大长度
End Sub
```

代码 10017 限制只能在文本框内输入指定长度的数字编码

利用文本框的Exit事件的Cancel参数也可以限制文本框内的输入值类型及长度。例如，可以在文本框中输入指定长度的数字编码，此时不仅需要判断是否为数字，还需要判断是否为指定长度，如果不满足就禁止焦点的移动。参考代码如下。

```
Sub 代码10017()
Private Sub TextBox1_Exit(ByVal Cancel As MSForms.ReturnBoolean)
    With TextBox1
        If Len(.Text) <> 6 Or IsNumeric(.Text) = False Then
            .Value = ""
            Cancel = True
            Beep
```

```
        End If
    End With
End Sub
```

代码10018　将文本框输入字符显示为密码格式（*）

使用TextBox对象的PasswordChar属性可以设置在文本框输入字符时，输入的字符显示为星号（*）。参考代码如下。

```
Sub 代码10018()
Private Sub UserForm_Initialize()
    TextBox1.PasswordChar = "*"
End Sub
```

运行效果如图10-18所示。

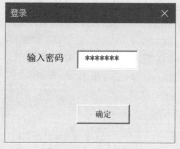

图10-18　运行效果

如果要恢复默认的显示，可以将语句修改为

```
TextBox1.PasswordChar = ""
```

代码10019　将文本框设置为自动换行状态

将MultiLine属性设置为True时，可以实现当文本框内输入的数据到达文本框的右边界时就会自动换行。参考代码如下。运行效果如图10-19所示。

```
Sub 代码10019()
Private Sub UserForm_Initialize()
    With TextBox1
```

```
        .TextAlign = fmTextAlignLeft
        .MultiLine = True
    End With
End Sub
```

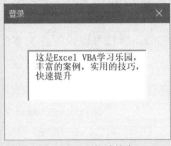

图10–19　自动换行

代码 10020　将文本框内的字符在指定位置换行

利用文本框Exit事件可以设置当数据输入完毕后，离开文本字框时，自动将文本框内的数据在指定的位置进行换行处理。参考代码如下。

```
Sub 代码10020()
Private Sub UserForm_Initialize()
    With TextBox1
        .TextAlign = fmTextAlignLeft
        .MultiLine = True
        .ScrollBars = fmScrollBarsBoth
        .ZOrder 0
    End With
End Sub

Private Sub TextBox1_Exit(ByVal Cancel As MSForms.ReturnBoolean)
    Dim Str1 As String
    Dim Str2 As String
    With TextBox1
        Str1 = Replace(.Text, vbCrLf, "")
```

```
    Do
        If Len(Str1) > 10 Then        '指定要换行的位置，在第10个字符后换行
            Str2 = Str2 & Left(Str1, 10) & vbCrLf
            Str1 = Mid(Str1, 11)
        Else
            Str2 = Str2 & Str1
            Exit Do
        End If
    Loop
    .Value = Str2
    End With
End Sub
```

运行窗体，在文本框中输入数据，如图10-20所示。然后将焦点移到其他的控件，那么输入到文本框的数据就会自动按要求换行，如图10-21所示。

图10-20　输入字符过程正常显示

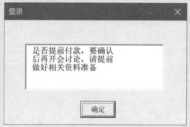
图10-21　焦点移出后数据自动换行

代码 10021　设置文本框内字符的对齐方式

利用文本框的TextAlign属性可以将文本框内字符的对齐方式设置为左对齐、居中对齐或右对齐。参考代码如下。

```
Sub 代码10021()
Private Sub UserForm_Initialize()
    TextBox1.TextAlign = fmTextAlignLeft            '左对齐
'   TextBox1.TextAlign = fmTextAlignCenter          '居中对齐
'   TextBox1.TextAlign = fmTextAlignRight           '右对齐
End Sub
```

代码10022　设置文本框的显示滚动条

当文本框大小有限制时，可以设置文本框的显示滚动条，用于查看文本框的所有数据。可以设置只显示水平滚动条或只显示垂直滚动条，或者两个滚动条都显示。

下面的代码是设置自动换行，并且只显示垂直滚动条。运行效果如图10-22所示。

```
Sub 代码10022()
Private Sub UserForm_Initialize()
    With TextBox1
        .TextAlign = fmTextAlignLeft
        .MultiLine = True
        .ScrollBars = fmScrollBarsVertical
    End With
End Sub
```

图10-22　自动换行，显示垂直滚动条

下面的代码是设置只显示水平滚动条。显示效果如图10-23所示。

```
Sub 代码10022_1()
Private Sub UserForm_Initialize()
    With TextBox1
        .TextAlign = fmTextAlignLeft
        .ScrollBars = fmScrollBarsVertical
    End With
End Sub
```

图10-23　显示水平滚动条

> **注意**
>
> 此时不能设置自动换行。

代码10023　转换文本框内的数据类型

在文本框内输入的所有数据默认作为字符串处理，如果需要得到数字或日期，那么就需要对文本框内的字符进行数据类型转换。

下面的代码是将文本框内的字符转换为数字，使用Val函数即可。

```
Sub 代码10023()
Private Sub CommandButton1_Click()
    MsgBox Val(TextBox1.Value)
End Sub
```

代码10024　清除文本框数据

清除文本框数据的方法很简单，将Value属性或者Text属性设置为空字符即可。参考代码如下。

```
Sub 代码10024()
Private Sub CommandButton1_Click()
    TextBox1.Value = ""
    TextBox2.Value = ""
    TextBox3.Value = ""
End Sub
```

代码 10025 文本框数据变化时执行程序计算（显示千分位金额）

文本框的默认事件是Change事件，也就是当文本框数据发生变化时，执行指定的任务。
下面的代码是联合使用文本框和标签，实现当在文本框中输入金额数字时，在旁边的标签里自动显示为千分位格式数字。

窗体设计如图10-24所示。运行效果如图10-25所示。

```
Sub 代码10025()
Private Sub UserForm_Initialize()
    Label1.Caption = "金额"
    Label2.Caption = ""
End Sub

Private Sub TextBox1_Change()
    Label2.Caption = Format(TextBox1.Value, "#,##0.00")
End Sub
```

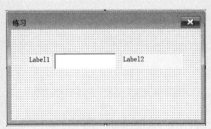

图10-24　窗体设计

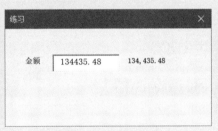

图10-25　运行效果

代码 10026 文本框数据变化时执行程序计算（自动查找数据）

还可以设计一个自动查找数据程序，当在文本框TextBox1里输入数据时，自动从数据表中查找满足条件的所有数据，然后显示在另一个文本框TextBox2中。参考代码如下。

窗体设计如图10-26所示。运行效果如图10-27所示。

```
Sub 代码10026()
Private Sub UserForm_Initialize()
    TextBox1.Value = ""
    TextBox1.Value = ""
```

```
    TextBox2.MultiLine = True
End Sub


Private Sub TextBox1_Change()
    Dim Rng As Range
    Dim c As Range
    Dim b As String
    Dim results As String
    Dim n As Long
    Set Rng = ThisWorkbook.Worksheets("Sheet1").Range("A:A")
    If TextBox1.Value = "" Then
        TextBox2.Value = ""
        Exit Sub
    End If
    Set c = Rng.Find(what:="*" & TextBox1.Value & "*", lookat:=xlWhole)
    If c Is Nothing Then
        TextBox2.Value = ""
        Exit Sub
    Else
        n = 1
        b = c.Address
        results = n & "、" & c.Value & vbCrLf
        Do
            n = n + 1
            Set c = Rng.FindNext(c)
            If c.Address = b Then Exit Do
            results = results & n & "、" & c.Value & vbCrLf
        Loop While Not c Is Nothing And c.Address <> b
    End If
    TextBox2.Value = results
End Sub
```

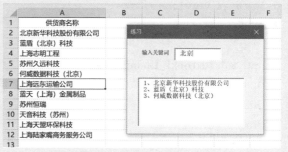

图10-26　窗体设计 　　　　　图10-27　关键词查找结果

10.4　ComboBox：组合框

组合框又称复合框，用来从一个列表中选中一个项目且只能选中一个项目。

组合框的属性中大部分需要在程序运行中进行设置，因此在使用组合框时，必须为用户窗体设计初始化事件程序。

代码10027 添加项目：AddItem 方法（单个添加）

为组合框添加项目常使用ComboBox对象的AddItem方法。参考代码如下。启动用户窗体如图10-28所示，从下拉列表中选择项目如图10-29所示。

```
Sub 代码10027()
Private Sub UserForm_Initialize()
    With ComboBox1
        .Clear
        .AddItem "办公室"
        .AddItem "人力资源部"
        .AddItem "财务部"
        .AddItem "生产部"
        .AddItem "技术研发部"
        .AddItem "销售部"
        .AddItem "信息部"
        .Value = "--选择部门--"
```

```
        End With
End Sub
```

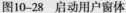

図10-28　启动用户窗体

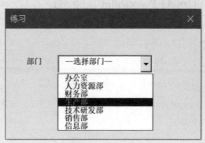

図10-29　从下拉列表中选择项目

代码10028　添加项目：AddItem 方法（批量添加）

代码10027中一个一个地添加组合框项目比较麻烦，其实也可以使用数组循环的方法来批量添加。参考代码如下。

```
Sub 代码10028()
Private Sub UserForm_Initialize()
    Dim dept As Variant
    Dim i As Integer
    dept = Array("办公室","人力资源部","财务部","生产部","技术研发部","销售部","信息部")
    With ComboBox1
      .Clear
      For i = 0 To UBound(dept)
        .AddItem dept(i)
      Next i
      .Value = "--选择部门--"
    End With
End Sub
```

代码10029　添加项目：RowSource 属性（单列）

如果组合框项目来源于工作表的某列数据，则可以使用RowSource属性来设置。参考代码如下。运行效果如图10-30。

```
Sub 代码10029()
Private Sub UserForm_Initialize()
    Dim ws As Worksheet
    Set ws = ThisWorkbook.Worksheets(1)        '指定工作表
    '为组合框设置项目
    With ComboBox1
        .RowSource = ws.Name & "!A2:A16"        '指定数据源
        .Value = "--选择姓名--"
    End With
End Sub
```

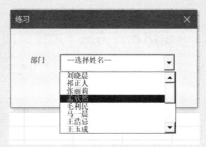

图10-30　单列数据源的组合框

代码10030　添加项目：RowSource 属性（多列）

下面的代码是利用RowSource属性为组合框ComboBox1添加多列项目。运行效果如图10-31和图10-32所示。

```
Sub 代码10030()
Private Sub UserForm_Initialize()
    Dim ws As Worksheet
    Set ws = ThisWorkbook.Worksheets(1)        '指定工作表
    '为组合框设置项目
    With ComboBox1
        .RowSource = ws.Name & "!A2:B16"        '指定数据源
        .ColumnCount = 2
        .ColumnHeads = True
```

```
        .Value = "--选择姓名部门--"
    End With
End Sub
```

图10-31　启动窗体界面

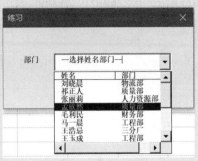

图10-32　在下拉列表中选择姓名和部门

代码 10031　添加项目：List 属性（数组方法）

也可以利用List属性为组合框设置项目。参考代码如下。

```
Sub 代码10031()
Private Sub UserForm_Initialize()
    Dim dept As Variant
    dept = Array("办公室","人力资源部","财务部","生产部","技术研发部","销售部","信息部")
    With ComboBox1
        .Clear
        .List = dept
        .Value = "--选择部门--"
    End With
End Sub
```

代码 10032　添加项目：List 属性（工作表区域）

如果要使用工作表中的数据为组合框设置项目，可以使用List属性。参考代码如下。

```
Sub 代码10032()
Private Sub UserForm_Initialize()
```

```
    Dim arr As Variant
    Dim ws As Worksheet
    Set ws = ThisWorkbook.Worksheets(1)        '指定工作表
    arr = ws.Range("A2:A16").Value             '指定数据源
    '为组合框设置项目
    With ComboBox1
        .List = arr
        .Value = "--选择姓名--"
    End With
End Sub
```

代码 10033　添加项目：Column 属性

利用Column属性来引用工作表数据为组合框设置项目，参考代码如下。

```
Sub 代码10033()
Private Sub UserForm_Initialize()
    Dim arr As Variant
    Dim ws As Worksheet
    Set ws = ThisWorkbook.Worksheets(1)        '指定工作表
    arr = ws.Range("A2:B16").Value
    arr = WorksheetFunction.Transpose(arr)
    '为组合框设置项目
    With ComboBox1
        .Column = arr
        .ColumnCount = 2
        .Value = "--选择姓名--"
    End With
End Sub
```

代码 10034　设置选择外观

利用组合框的ListStyle属性，可以设置组合框项目的外观。一般来说，设置为选项按钮形式看起来会比较清晰。

ListStyle属性设置为fmListStyleOption，就是选项按钮形式；设置为fmListStylePlain，就是默认的常规形式。参考代码如下。

选项按钮形式效果如图10-33所示。默认的常规形式效果如图10-34所示。

```
Sub 代码10034()
Private Sub UserForm_Initialize()
  With ComboBox1
    .Clear
    .AddItem "办公室"
    .AddItem "人力资源部"
    .AddItem "财务部"
    .AddItem "生产部"
    .AddItem "技术研发部"
    .AddItem "销售部"
    .AddItem "信息部"
    .Value = "--选择部门--"
    .ListStyle = fmListStyleOption
  End With
End Sub
```

图10-33 选项按钮形式

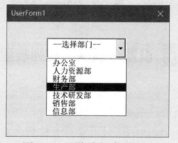

图10-34 默认的常规形式

代码10035 设置下拉显示项数

默认情况下，单击下拉箭头，即可展开下拉列表并显示8个项目。当项目很多时，操作起来很不方便，因此可以使用ListRows属性来设置下拉列表显示项数。参考代码如下。下拉列表显示项数设置为12。

显示12个项目个数如图10-35所示，默认显示8个项目个数如图10-36所示。

```
Sub 代码10035()
Private Sub UserForm_Initialize()
    With ComboBox1
        .Clear
        .List = Array("1月", "2月", "3月", "4月", "5月", "6月", _
                "7月", "8月", "9月", "10月", "11月", "12月")
        .Value = "--选择月份--"
        .ListStyle = fmListStyleOption
        .ListRows = 12
    End With
End Sub
```

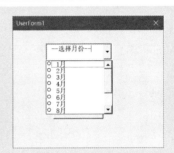

图10-35　设置显示12个项目个数　　图10-36　默认显示8个项目个数

代码10036　设置必须从下拉列表里选择项目值：MatchRequired 属性

组合框的一大优点是可以快速、准确地选择项目，即展开下拉列表选择某个项目。

但是，当项目很多时，这种方式就不方便了，因此，默认情况下可以在组合框里手动输入项目。不过，输入的项目可能是下拉列表里并不存在的项目，这样会导致错误。因此，可以使用MatchRequired属性来对数据匹配进行控制，如果设置为True，则必须从下拉列表里选择完全匹配；如果设置为False（默认），则不需要完全匹配（选择现有项目也可，手动输入新项目也可）。

下面的代码是当手动输入项目时，不论这个项目是否存在，都会弹出警告框。程序运行效果分别如图10-37和图10-38所示。

```
Sub 代码10036()
Private Sub UserForm_Initialize()
    With ComboBox1
```

```
        .Clear
        .AddItem "办公室"
        .AddItem "人力资源部"
        .AddItem "财务部"
        .AddItem "生产部"
        .AddItem "技术研发部"
        .AddItem "销售部"
        .AddItem "信息部"
        .ListStyle = fmListStyleOption
        .MatchRequired = True
    End With
End Sub
```

图10-37　手动输入不存在的项目，报错　　图10-38　手动输入存在的项目，报错

代码 10037 判断是否选择了项目值

判断组合框是否选择了项目值可以使用ListIndex属性，当该属性是−1时，表明没有选择项目。参考代码如下。

```
Sub 代码10037()
Private Sub CommandButton1_Click()
    With ComboBox1
        If .ListIndex = −1 Then
            MsgBox "组合框里没有选择项目"
            .SetFocus
        Else
```

```
        MsgBox "组合框里选择了项目:" & .Value
      End If
    End With
End Sub
```

代码10038　设置必须选择项目值：ListIndex 属性

可以使用Exit事件和ListIndex属性来控制组合框必须选择项目值。参考代码如下。

```
Sub 代码10038()
Private Sub ComboBox1_Exit(ByVal Cancel As MSForms.ReturnBoolean)
  With ComboBox1
    If .ListIndex = –1 Then
      MsgBox "组合框没有选择项目! 请选择项目"
      .SetFocus
    End If
  End With
End Sub
```

代码10039　获取项目值：Value 属性

获取组合框项目值的基本方法是使用Value属性，这也是组合框的默认属性。参考代码如下。

```
Sub 代码10039()
Private Sub UserForm_Initialize()
  With ComboBox1
    .Clear
    .AddItem "办公室"
    .AddItem "人力资源部"
    .AddItem "财务部"
    .AddItem "生产部"
    .AddItem "技术研发部"
    .AddItem "销售部"
```

```
            .AddItem "信息部"
            .ListStyle = fmListStyleOption
      End With
      With ComboBox2
         .Clear
         .AddItem "男"
         .AddItem "女"
         .ListStyle = fmListStyleOption
      End With
End Sub


Private Sub CommandButton1_Click()
    Dim ws As Worksheet
    Dim n As Long
    Set ws = ThisWorkbook.Worksheets(1)
    n = ws.Range("A10000").End(xlUp).Row + 1
    With ws
       .Range("A" & n) = ComboBox1.Value
       .Range("B" & n) = TextBox1.Value
       .Range("C" & n) = ComboBox2.Value
    End With
End Sub
```

　　启动窗体，选择"部门"和"性别"，输入相应姓名，单击"保存"按钮，即可将数据保存到工作表，如图10-39所示。

图10-39　获取组合框项目值，保存到工作表

代码10040　获取项目值：List 属性

可以利用List属性来获取组合框的项目值。

在List参数中，第1个参数表示行的编号；第2个参数表示列的编号。参考代码如下。

运行窗体，单击"命令"按钮。运行效果如图10-40和图10-41所示。

```
Sub 代码10040()
Private Sub UserForm_Initialize()
   With ComboBox1
     .RowSource = ""
     .RowSource = "Sheet1!A2:B9"
     .ColumnCount = 2
     .ColumnHeads = True
     .ListStyle = fmListStyleOption
   End With
End Sub


Private Sub CommandButton1_Click()
   Dim rowindex As Long
   With ComboBox1
   rowindex = .ListIndex
   MsgBox "你选择了第" & rowindex + 1 & " 行数据" _
     & vbCrLf & "该行第1列数据为:" & .List(rowindex, 0) _
     & vbCrLf & "该行第2列数据为:" & .List(rowindex, 1)
   End With
End Sub
```

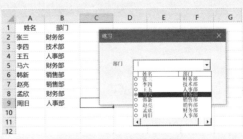

图10-40　选择某个项目

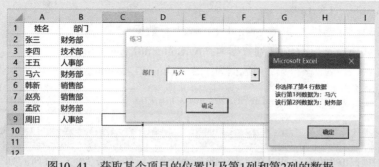

图10-41　获取某个项目的位置以及第1列和第2列的数据

💧**注意**

组合框中行和列的编号均从0开始。即列表中第1行的行号为0，第1列的列号为0；第2行或列的编号为1，以此类推。

代码10041　获取项目值：Column 属性

利用Column属性也可以获取组合框的项目值。

在Column的参数中，第1个参数表示列的编号，第2个参数表示行的编号。

参考代码如下。其运行效果与代码10040的运行效果相同。

```
Sub 代码10041()
Private Sub UserForm_Initialize()
    With ComboBox1
        .RowSource = ""
        .RowSource = "Sheet1!A2:B9"
        .ColumnCount = 2
        .ColumnHeads = True
        .ListStyle = fmListStyleOption
    End With
End Sub


Private Sub CommandButton1_Click()
    Dim rowindex As Long
    With ComboBox1
```

```
        rowindex = .ListIndex
        MsgBox "你选择了第" & rowindex + 1 & " 行数据" _
            & vbCrLf & "该行第1列数据为:" & .Column(0, rowindex) _
            & vbCrLf & "该行第2列数据为:" & .Column(1, rowindex)
    End With
End Sub
```

> **注意**
>
> 组合框中行和列的编号均从0开始。即列表中第1行的行号为0，第1列的列号为0；第2行或列的编号为1，以此类推。

代码10042 获取项目值：利用数组

可以先将组合框的所有数据存放到一个数组中，然后再从数组中提取需要的项目值，这就是数组的取值方法。参考代码如下。

```
Sub 代码10042()
Private Sub UserForm_Initialize()
    With ComboBox1
        .RowSource = ""
        .RowSource = "Sheet1!A2:B9"
        .ColumnCount = 2
        .ColumnHeads = True
        .ListStyle = fmListStyleOption
    End With
End Sub


Private Sub CommandButton1_Click()
    Dim arr As Variant
    With ComboBox1
        arr = .List
        MsgBox "第1列第3行的项目为:" & arr(2, 0) & vbCrLf _
            & "第2列第5行的项目为:" & arr(4, 1)
    End With
End Sub
```

代码 10043 获取选中项目的位置：ListIndex 属性

当在组合框中选择某个项目值时，可以使用ListIndex属性来获取该项目值的索引号，以便于对数据进行进一步处理。例如，对于多列数据的组合框，可以获取指定列的项目值。

下面的代码是获取组合框项目值的索引号。

```
Sub 代码10043()
Private Sub CommandButton1_Click()
    Dim rowindex As Long
    rowindex = ComboBox1.ListIndex + 1
    MsgBox "选择项目值的位置是第 " & rowindex & " 行"
End Sub
```

注意

第1个项目值的索引号是0；第2个项目值的索引号是1，以此类推。

代码 10044 判断是否为列表里的项目值

在默认情况下，无论从下拉列表里选择项目值，还是手动输入项目值，要求项目值必须是列表里存在的项目值，此时也可以使用ListIndex属性进行判断处理。

参考代码如下。运行效果如图10-42所示。

```
Sub 代码10044()
Private Sub UserForm_Initialize()
    With ComboBox1
        .RowSource = "Sheet1!A2:A9"
        .ListStyle = fmListStyleOption
    End With
End Sub


Private Sub CommandButton1_Click()
    With ComboBox1
        If .ListIndex = -1 Then
            If .Value = "" Then
                MsgBox "没有选择项目值", vbCritical
```

```
        Else
            MsgBox "项目值不存在", vbCritical
        End If
    End If
    End With
End Sub
```

图10-42　判断项目值是否存在

选择组合框后自动弹出项目下拉列表

使用组合框的Enter事件可以在选择组合框后自动弹出项目下拉列表，从而方便选择项目。参考代码如下。

```
Sub 代码10045()
Private Sub UserForm_Initialize()
    With ComboBox1
        .RowSource = "Sheet1!A2:A9"
        .ListStyle = fmListStyleOption
    End With
End Sub
Private Sub ComboBox1_Enter()
    ComboBox1.DropDown
End Sub
```

代码10046 取消选择项目值

将ListIndex属性设置为–1，就是取消选择组合框项目值。参考代码如下。

```
Sub 代码10046()
Private Sub CommandButton1_Click()
    ComboBox1.ListIndex = –1
End Sub
```

代码10047 删除所有项目：Clear 方法

使用Clear方法可以将组合框内的所有项目删除，但这种方法只适合通过AddItem方法和List方法所添加的项目。参考代码如下。运行代码可以启动窗体，单击命令按钮，以观察运行结果。

```
Sub 代码10047()
Private Sub UserForm_Initialize()
    With ComboBox1
        .AddItem "财务部"
        .AddItem "人事部"
        .AddItem "销售部"
    End With
End Sub

Private Sub CommandButton1_Click()
    ComboBox1.Clear
    MsgBox "组合框项目全部删除"
End Sub
```

代码10048 删除所有项目：RowSource 属性

如果是删除利用RowSource属性为组合框添加的所有项目，则不能使用Clear方法，此时可以将RowSource属性设置为空值，即可删除所有项目。参考代码如下。

```
Sub 代码10048()
Private Sub UserForm_Initialize()
```

```
      ComboBox1.RowSource = "Sheet1!A2:A9"
End Sub


Private Sub CommandButton1_Click()
   ComboBox1.RowSource = ""
   MsgBox "组合框项目全部删除"
End Sub
```

代码 10049　删除某条项目：RemoveItem 方法

使用RemoveItem方法可以将组合框内的某条项目删除。参考代码如下。

```
Sub 代码10049()
Private Sub UserForm_Initialize()
   ComboBox1.List = Worksheets(1).Range("A2:A9").Value
End Sub


Private Sub CommandButton1_Click()
   ComboBox1.RemoveItem 2
   MsgBox "组合框的第3个项目删除了"
End Sub
```

注意

如果列表框被数据绑定（也就是当 RowSource属性为列表框规定了数据源），此方法并不适用。

代码 10050　当项目值选择变化时执行程序（Change 事件）

组合框的默认事件是Change事件，也就是当项目选择发生变化时执行的动作。

下面的代码是当在组合框中选择不同姓名时，自动将该姓名的数据从工作表提取到窗体的各个控件中。

窗体设计如图 10-43所示。运行效果如图 10-44所示。

```
Sub 代码10050()
Private Sub UserForm_Initialize()
```

```
        With 姓名
            .RowSource = "Sheet1!A2:A9"
            .ListStyle = fmListStyleOption
            .MatchRequired = True
        End With
    End Sub


    Private Sub 姓名_Change()
        Dim n As Long
        Dim ws As Worksheet
        Set ws = ThisWorkbook.Worksheets("Sheet1")
        With ws
            n = WorksheetFunction.Match(姓名.Value, .Range("A:A"), 0)
            性别.Value = .Range("B" & n)
            部门.Value = .Range("C" & n)
            学历.Value = .Range("D" & n)
            .Range("A" & n & ":D" & n).Select
        End With
    End Sub
```

图10-43　窗体结构设计　　　　　　　　图10-44　运行效果

10.5 ListBox：列表框

当项目不多时，使用组合框还是比较方便的。但是，如果项目很多，组合框操作就不方便了，此时可以使用列表框（ListBox）。在列表框里，可以显示出很多项目，这样选择项目时就会非常方便。

在使用列表框时，必须为用户窗体设计事件程序。

代码10051 添加项目：AddItem 方法

为列表框添加项目的常规方法是利用AddItem方法。参考代码如下。

```
Sub 代码10051()
Private Sub UserForm_Initialize()
    With ListBox1
        .AddItem "办公室"
        .AddItem "人力资源部"
        .AddItem "财务部"
        .AddItem "生产部"
        .AddItem "技术研发部"
        .AddItem "销售部"
        .AddItem "信息部"
    End With
End Sub
```

启动窗体，运行效果如图10-45所示。

图10-45　列表框

代码10052　添加项目：RowSource 属性

为列表框添加项目的另外一个方法是利用RowSource属性，即引用工作表数据作为项目数据。

下面的代码是利用RowSource属性为列表框ListBox1添加项目。运行窗体后列表框的项目设置情况如图10-46所示。

```
Sub 代码10052()
Private Sub UserForm_Initialize()
    With ListBox1
        .RowSource = "Sheet1!A2:B10"
        .ColumnCount = 2
        .ColumnHeads = True
    End With
End Sub
```

图10-46　运行效果

代码10053　添加项目：List 属性

使用List属性为列表框添加项目，数据源既可以是固定的序列，也可以是工作表数据。在下面的代码中，数据源为固定序列。

```
Sub 代码10053()
Private Sub UserForm_Initialize()
    Dim arr As Variant
    arr = Array("管理层","财务部","人事部","销售部","策划部","市场部","信息部","后勤部")
    With ListBox1
        .List = arr
    End With
End Sub
```

在下面的代码中，数据源为工作表数据。

```
Sub 代码10053_1()
Private Sub UserForm_Initialize()
    Dim ws As Worksheet
    Dim arr As Variant
    Set ws = ThisWorkbook.Worksheets("Sheet1")
    arr = ws.Range("A2:A9").Value
    With ListBox1
        .List = arr
    End With
End Sub
```

代码10054 添加项目：Column 属性

利用Column属性可以从工作表中提取数据作为列表框设置项目。参考代码如下。

```
Sub 代码10054()
Private Sub UserForm_Initialize()
    Dim ws As Worksheet
    Dim arr As Variant
    Set ws = ThisWorkbook.Worksheets("Sheet1")
    arr = WorksheetFunction.Transpose(ws.Range("A2:B9").Value)
    With ListBox1
        .Column = arr
        .ColumnCount = 2
    End With
End Sub
```

代码10055 设置选择外观

利用ListStyle属性可以选择列表框项目的选择外观，一般来说，设置为选项按钮形式看起来比较清晰。

ListStyle属性设置为fmListStyleOption就是选项按钮形式;ListStyle属性设置为fmListStylePlain就是默认的常规形式。

下面的代码是设置选项按钮形式，效果如图10-47所示。默认的常规形式效果如图10-48所示。

```
Sub 代码10055()
Private Sub UserForm_Initialize()
    Dim arr As Variant
    arr = Array("管理层","财务部","人事部","销售部","策划部","市场部","信息部","后勤部")
    With ListBox1
        .List = arr
        .ListStyle = fmListStyleOption
End Sub
```

图10-47　选项按钮形式　　　图10-48　默认的常规形式

代码10056　判断是否选择了项目值

判断列表框是否选择了项目值，可以使用ListIndex属性，当该属性是-1时，表明没有选择项目。参考代码如下。

```
Sub 代码10056()
Private Sub CommandButton1_Click()
    With ListBox1
        If .ListIndex = -1 Then
            MsgBox "列表框没有选择项目"
            .SetFocus
        Else
            MsgBox "列表框选择了项目:" & .Value
        End If
    End With
End Sub
```

代码10057　设置必须选择项目值：ListIndex 属性

可以使用Exit事件来控制列表框必须选择项目值，参考代码如下。

```
Sub 代码10057()
Private Sub ListBox1_Exit(ByVal Cancel As MSForms.ReturnBoolean)
    With ListBox1
        If .ListIndex = −1 Then
            MsgBox "组合框没有选择项目! 请选择项目"
            .SetFocus
        End If
    End With
End Sub
```

代码10058　获取项目值：Value 属性

获取列表框项目值的基本方法是使用Value属性，这也是列表框的默认属性。下面的代码是获取选择的项目值，并输入到文本框TextBox1中。

```
Sub 代码10058()
Private Sub CommandButton1_Click()
    With ListBox1
        If .ListIndex = −1 Then
            MsgBox "列表框没有选择项目"
        Else
            TextBox1.Value = .Value
        End If
    End With
End Sub
```

代码10059　获取项目值：List 属性

可以利用List属性来获取列表框的项目值。

在List参数中，第1个参数表示行的行号，第2个参数表示列的列号。参考代码如下。

```
Sub 代码10059()
Private Sub CommandButton1_Click()
  MsgBox "列表框的第3个项目值是:" & ListBox1.List(2, 0)
End Sub
```

注意

行和列的编号从0开始。即列表中第1行的行号为0，第1列的列号为0；第2行或列的编号为1，以此类推。

代码 10060 获取项目值：Column 属性

利用Column属性也可以获取列表框的项目值。

在Column参数中，第1个参数表示列的列号，第2个参数表示行的行号。参考代码如下。

```
Sub 代码10060()
Private Sub CommandButton1_Click()
  MsgBox "列表框的第3个项目值是:" & ListBox1.Column(0, 2)
End Sub
```

注意

行和列的编号从0开始。即列表中第1行的行号为0，第1列的列号为0；第2行或列的编号为1，以此类推。

代码 10061 获取选中项目值的位置

当在列表框中选择了某个项目值时，可以使用ListIndex属性获取该项目值的索引号，这样便于对数据进行进一步处理。

下面的代码是获取列表框项目值的索引号。

```
Sub 代码10061()
Private Sub CommandButton1_Click()
  Dim rowindex As Long
  If ListBox1.ListIndex = -1 Then
    MsgBox "没有选择项目"
  Else
    rowindex = ListBox1.ListIndex + 1
```

```
        MsgBox "选择项目值的位置是第 " & rowindex & " 行" _
            & vbCrLf & "项目值为: " & ListBox1.Value
    End If
End Sub
```

> **注意**
>
> 第1个项目值的索引号是0，第2个项目值的索引号是1，以此类推。

代码10062　取消选择项目值

将ListIndex属性设置为-1，就是取消选择列表框的项目值。参考代码如下。

```
Sub 代码10062()
Private Sub CommandButton1_Click()
    ListBox1.ListIndex = -1
End Sub
```

代码10063　删除所有项目：Clear 方法

利用Clear方法，可以将列表框内的所有项目删除，但这种方法只适合于AddItem方法和List方法所添加的项目。参考代码如下。启动窗体，单击按钮，以观察运行效果。

```
Sub 代码10063()
Private Sub UserForm_Initialize()
    Dim arr As Variant
    arr = Array("管理层","财务部","人事部","销售部","策划部","市场部","信息部","后勤部")
    With ListBox1
        .List = arr
        .ListStyle = fmListStyleOption
    End With
End Sub


Private Sub CommandButton1_Click()
    ListBox1.Clear
End Sub
```

删除所有项目：RowSource 属性

如果是删除利用RowSource属性为列表框添加的项目，则不能使用Clear方法，此时可以将RowSource属性设置为空值。参考代码如下。

```
Sub 代码10064()
Private Sub UserForm_Initialize()
    With ListBox1
        .RowSource = "Sheet1!A2:A11"
        .ListStyle = fmListStyleOption
    End With
End Sub


Private Sub CommandButton1_Click()
    With ListBox1
        .RowSource = ""
    End With
End Sub
```

删除某条项目：RemoveItem 方法

利用RemoveItem方法可以将列表框内的某条项目删除。

下面的代码是删除列表框里选中的某一条项目。

```
Sub 代码10065()
Private Sub CommandButton1_Click()
    With ListBox1
        If .ListIndex = -1 Then
            MsgBox "没有选择要删除的项目"
        Else
            .RemoveItem .ListIndex
        End If
    End With
End Sub
```

注意

　　如果列表框被数据绑定（也就是通过 RowSource属性为列表框规定了数据源），此方法并不适用。

代码10066 当项目值选择变化时执行程序（Change 事件）

列表框的默认事件是Change事件，也就是当项目选择发生变化时执行指定的操作。

下面的代码是当列表框选择不同姓名时，自动将该姓名的数据从工作表提取到窗体的各个控件中。

窗体结构及运行效果如图10-49所示。

```vba
Sub 代码10066()
Private Sub UserForm_Initialize()
    With ListBox1
        .RowSource = "Sheet1!A2:A14"
        .ListStyle = fmListStyleOption
    End With
End Sub


Private Sub ListBox1_Change()
    Dim n As Long
    Dim ws As Worksheet
    Set ws = ThisWorkbook.Worksheets("Sheet1")
    With ws
        n = WorksheetFunction.Match(ListBox1.Value, .Range("A:A"), 0)
        姓名.Value = .Range("A" & n)
        性别.Value = .Range("B" & n)
        部门.Value = .Range("C" & n)
        学历.Value = .Range("D" & n)
        入职时间.Value = .Range("E" & n)
        .Range("A" & n & ":E" & n).Select
    End With
End Sub
```

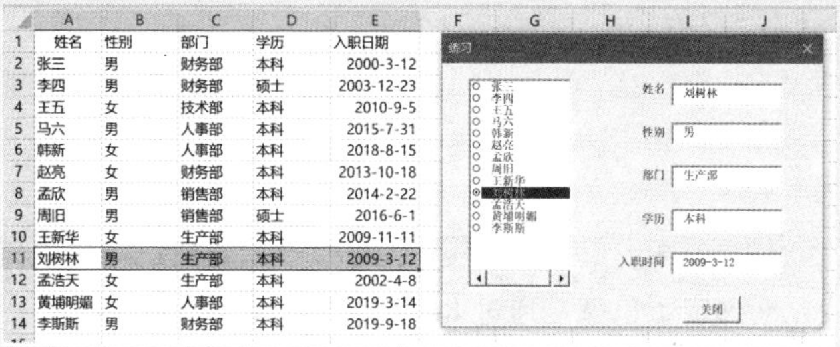

图10-49　窗体结构及运行效果

代码 10067　在列表框和文本框之间进行拖曳操作

利用列表框和文本框的一些事件，可以在列表框和文本框之间进行拖曳操作。

例如，将列表框的项目拖曳到文本框中，或者将文本框中的数据拖曳到列表框中（为列表框增加项目）。

在窗体上，有一个列表框ListBox1和文本框TextBox1，在这两个控件之间拖放项目的参考代码如下。

```
Sub 代码10067()
Private Sub UserForm_Initialize()
    Dim arr As Variant
    arr = Array("管理层","财务部","人事部","销售部","策划部","市场部","信息部","后勤部")
    With ListBox1
        .List = arr
        .ListStyle = fmListStyleOption
    End With
End Sub


Private Sub ListBox1_BeforeDragOver(ByVal Cancel As MSForms.ReturnBoolean, ByVal
Data As MSForms.DataObject, ByVal X As Single, ByVal Y As Single, ByVal DragState As Long,
ByVal Effect As MSForms.ReturnEffect, ByVal Shift As Integer)
    Cancel = True
    Effect = 1
End Sub


Private Sub ListBox1_BeforeDropOrPaste(ByVal Cancel As MSForms.ReturnBoolean, ByVal
Action As Long, ByVal Data As MSForms.DataObject, ByVal X As Single, ByVal Y As Single, By-
Val Effect As MSForms.ReturnEffect, ByVal Shift As Integer)
    Cancel = True
    Effect = 1
    ListBox1.AddItem Data.GetText, 0
    ListBox1.ListIndex = 0
End Sub
```

```
      Private Sub ListBox1_MouseMove(ByVal Button As Integer, ByVal Shift As Integer, ByVal X
As Single, ByVal Y As Single)
          Dim Obj As DataObject
          Dim Efct As Integer
          If ListBox1.ListIndex = -1 Then Exit Sub
          If Button = 1 Then
              Set Obj = New DataObject
              Obj.SetText ListBox1.Value
              Efct = Obj.StartDrag
          End If
      End Sub


      Private Sub TextBox1_BeforeDragOver(ByVal Cancel As MSForms.ReturnBoolean, ByVal
Data As MSForms.DataObject, ByVal X As Single, ByVal Y As Single, ByVal DragState As MS-
Forms.fmDragState, ByVal Effect As MSForms.ReturnEffect, ByVal Shift As Integer)
          Cancel = True
          Effect = 1
      End Sub


      Private Sub TextBox1_BeforeDropOrPaste(ByVal Cancel As MSForms.ReturnBoolean, By-
Val Action As MSForms.fmAction, ByVal Data As MSForms.DataObject, ByVal X As Single, ByVal
Y As Single, ByVal Effect As MSForms.ReturnEffect, ByVal Shift As Integer)
          Cancel = True
          Effect = 1
          TextBox1.Value = Data.GetText
      End Sub


      Private Sub TextBox1_MouseMove(ByVal Button As Integer, ByVal Shift As Integer, ByVal X
As Single, ByVal Y As Single)
          Dim Obj As DataObject
          Dim Effect As Integer
          If Len(TextBox1.Value) = 0 Then Exit Sub
          If Button = 1 Then
              Set Obj = New DataObject
```

```
        Obj.SetText TextBox1.Value
        Effect = Obj.StartDrag
    End If
End Sub
```

启动窗体，在列表框中选择项目，按住左键拖曳到文本框，运行效果分别如图10-50和图10-51所示。

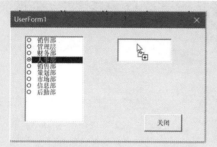
图10-50　选择列表框项目往文本框拖曳

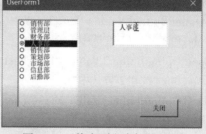
图10-51　拖曳到文本框的项目

在文本框里输入项目，并选中，按住左键拖曳到列表框，就为列表框添加了一个新项目，运行效果如图10-52和图10-53所示。

图10-52　在文本框里输入数据，往列表框拖曳

图10-53　拖曳到列表框的项目

10.6 OptionButton：选项按钮

选项按钮 OptionButton 又称单选按钮，一般用于实现单选，即每次只能选择一个。当使用框架对选项按钮进行分组时，也可以实现多选。

本节介绍选项按钮的常用方法及其示例代码。

代码 10068　判断是否选中了选项按钮

选项按钮的默认属性是Value，当Value为True时，表示被选中；当Value为False时，表示没被选中。

参考代码如下。运行效果如图10-54所示。

```
Sub 代码10068()
Private Sub CommandButton1_Click()
    If OptionButton1.Value = True Then
        MsgBox "按钮1 被选中"
    ElseIf OptionButton2.Value = True Then
        MsgBox "按钮2 被选中"
    ElseIf OptionButton3.Value = True Then
        MsgBox "按钮3 被选中"
    End If
End Sub
```

图10-54　运行效果

代码 10069　设置选项按钮的选择状态

在程序中设置某个选项按钮被选中或者不被选中时，只需将其Value属性设置为True或者False即可。下面的代码是演示如何在程序中设置选项按钮的选择状态。

```
Sub 代码10069()
Private Sub CommandButton1_Click()
    MsgBox "下面选中 按钮1"
    OptionButton1.Value = True
    MsgBox "下面选中 按钮2"
```

```
        OptionButton2.Value = True
        MsgBox "下面选中 按钮3"
        OptionButton3.Value = True
    End Sub
```

代码 10070　取消所有选项按钮的选中状态

如果要取消窗体上所有选项按钮的选中状态，可以将它们的Value属性值均设置为
False。如果选项按钮较多，可以使用循环的方法进行设置。

下面的代码是采用循环的方法取消所有选项按钮的选中状态。

```
Sub 代码10070()
Private Sub CommandButton1_Click()
    Dim ctr As Control
    For Each ctr In Me.Controls
        If TypeName(ctr) = "OptionButton" Then
            ctr.Value = False
        End If
    Next
End Sub
```

代码 10071　利用框架实现选项按钮的多选

选项按钮又称单选按钮，用于从一组按钮中选中一个而且只能选中一个选项，其他的按
钮则自动为不选中状态。

当需要在多个选项按钮中同时选择两个以上的选项按钮时，可以使用框架将这些选项按
钮分组。

下面的代码是利用框架来实现选项按钮的多选。这里，在窗体上有两个框架，在框架1
内有3个选项按钮：OptionButton1、OptionButton2和OptionButton3。在框架2内有3个选项
按钮：OptionButton4、OptionButton5和OptionButton6。

运行窗体，就可以分别在两个框架内任意选择选项按钮，运行效果如图10-55所示。

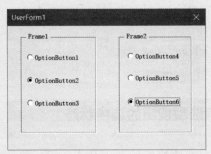

图10-55　可以同时选择多个选项按钮

也可以在程序里控制选择选项按钮，下面的代码是同时选择OptionButton2和OptionButton6。

```
Sub 代码10071()
Private Sub CommandButton1_Click()
    OptionButton2.Value = True
    OptionButton6.Value = True
End Sub
```

代码10072　单击选项按钮时执行程序（Click 事件）

选项按钮的默认事件是Click事件，也就是单击选项按钮时执行的程序。

在下面的示例中，有三个工作表，分别保存三个分公司的员工信息，如图10-56所示。

	A	B	C	D	E
1	姓名	性别	学历	入职时间	
2	蔡晓宇	女	大专	2019-8-9	
3	祁正人	男	本科	2012-9-23	
4	张丽莉	女	本科	1998-12-4	
5	孟欣然	女	大专	2011-12-14	
6	王嘉木	男	本科	2005-8-20	
7	丛赫敏	女	中专	2014-5-28	
8	白留洋	女	硕士	2014-6-5	
9	张慈森	女	技校	2016-6-17	
10	李萌	女	硕士	2017-7-6	
11	王雨燕	女	硕士	2011-9-23	
12	王亚萍	女	中专	2011-9-19	
13	何彬	男	本科	2009-4-14	
14	柳树杉		硕士	2004-11-23	

Sheet4　北京分公司　苏州分公司　上海分公司

图10-56　三个分公司的员工信息

设计一个窗体，如图10-57所示。

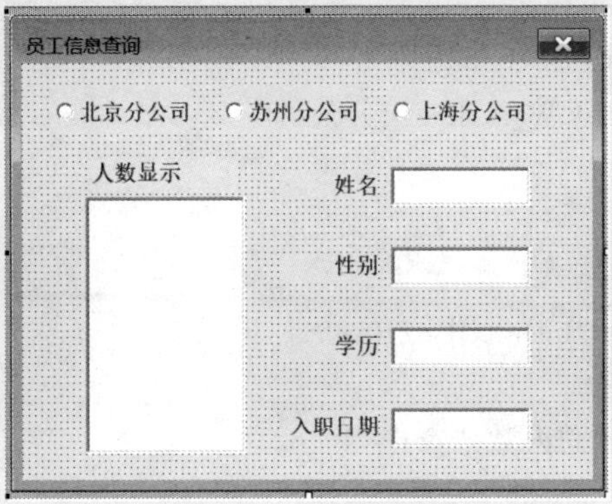

图10-57 设计窗体

使用选项按钮选择要查看的分公司，则在相应标签里显示该分公司的人数，同时在列表框里显示该分公司的员工姓名名单，而在列表框里选择某个员工时就会得到该员工的信息。

这里，已经将各个控件重命名为确切的名称，以便使代码容易阅读。各个控件的参考代码如下。

```
Sub 代码10072()
Dim ws As Worksheet
Dim n As Long

Private Sub 北京分公司_Click()
    Call 设置列表框("北京分公司")
    Call 清除信息
End Sub

Private Sub 上海分公司_Click()
    Call 设置列表框("上海分公司")
    Call 清除信息
End Sub

Private Sub 苏州分公司_Click()
    Call 设置列表框("苏州分公司")
    Call 清除信息
End Sub
```

```
Sub 设置列表框(分公司 As String)
    Set ws = ThisWorkbook.Worksheets(分公司)
    With ws
        .Select
        .Range("A1").Select
        n = .Range("A1000").End(xlUp).Row
    End With
    人数显示.Caption = "总人数:" & n – 1
    With 姓名列表
        .RowSource = ""
        .RowSource = ws.Name & "!A2:A" & n
    End With
End Sub


Private Sub 姓名列表_Click()
    Dim n As Long
    With ws
        n = WorksheetFunction.Match(姓名列表.Value, .Range("A:A"), 0)
        姓名.Value = .Range("A" & n)
        性别.Value = .Range("B" & n)
        学历.Value = .Range("C" & n)
        入职日期.Value = .Range("D" & n)
        .Range("A" & n & ":D" & n).Select
    End With
End Sub


Sub 清除信息()
    姓名.Value = ""
    性别.Value = ""
    学历.Value = ""
    入职日期.Value = ""
End Sub
```

运行窗体，单击某个分公司的选项按钮，就在列表框里得到该分公司的员工名单，在列表框里选择某个姓名，在右侧文本框中就得到该员工的基本信息。查询北京分公司指定员工的信息，如图10-58所示；查询上海分公司指定员工的信息，如图10-59所示。

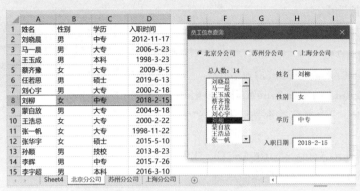

图10-58　查询北京分公司指定员工的信息

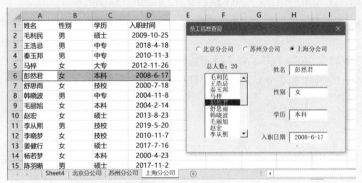

图10-59　查询上海分公司指定员工的信息

10.7　CheckBox：复选框

复选框 CheckBox 用于实现多项选择，也就是可以选择一个或多个，也可以一个都不选。

代码 10073　判断是否选中了复选框

复选框的默认属性是Value，当Value是True时表示被选中（呈打勾状态）；当Value是False时表示没被选中。

参考代码如下。运行效果如图10-60所示。

```
Sub 代码10073()
Private Sub CommandButton1_Click()
    If CheckBox1.Value = True And CheckBox2.Value = True Then
        MsgBox "2个复选框都是选中状态"
    End If
    If CheckBox1.Value = False And CheckBox2.Value = False Then
        MsgBox "2个复选框都没有被选中"
    End If
    If CheckBox1.Value = True And CheckBox2.Value = False Then
        MsgBox "选中了第1个复选框，没有选中第2个复选框"
    End If
    If CheckBox1.Value = False And CheckBox2.Value = True Then
        MsgBox "选中了第2个复选框，没有选中第1个复选框"
    End If
End Sub
```

图10-60　判断复选框的选择状态

代码 10074　设置复选框的选中状态

在程序中可以设置某个复选框被选中或者不被选中的状态，只需将其Value属性设置为True或者False即可。下面的代码是演示如何在程序中设置复选框的选择状态。

```
Sub 代码10074()
Private Sub CommandButton1_Click()
    MsgBox "下面选中第1个复选框"
    CheckBox1.Value = True
    MsgBox "下面选中第2个复选框"
    CheckBox2.Value = True
    MsgBox "下面取消两个复选框的选择状态"
    CheckBox1.Value = False
    CheckBox2.Value = False
End Sub
```

代码 10075　取消所有复选框的选中状态

如果要取消窗体上的复选框的选中状态，将它们的Value属性设置为False即可。

如果窗体上的复选框较多，可以使用循环的方法来解决。参考代码如下。

```
Sub 代码10075()
Private Sub CommandButton1_Click()
    Dim ctr As Control
    For Each ctr In Me.Controls
        If TypeName(ctr) = "CheckBox" Then
            ctr.Value = False
        End If
    Next
End Sub
```

如果在启动窗体时，将各个复选框选择状态清零，只需将上述代码放到窗体的初始化事件程序中。参考代码如下。

```
Sub 代码10075_1()
Private Sub UserForm_Initialize()
    Dim ctr As Control
    For Each ctr In Me.Controls
        If TypeName(ctr) = "CheckBox" Then
            ctr.Value = False
        End If
```

```
        Next
    End Sub
```

复选框的默认事件是Click事件，也就是单击复选框时执行的程序。通过下面的示例代码，了解复选框的Click事件。运行效果如图10-61~图10-63所示。

```
Sub 代码10076()
Private Sub CheckBox1_Click()
    If CheckBox1 = True Then
        Franme1.Visible = True
    Else
        Franme1.Visible = False
    End If
End Sub


Private Sub CheckBox2_Click()
    If CheckBox2 = True Then
        Franme2.Visible = True
    Else
        Franme2.Visible = False
    End If
End Sub
```

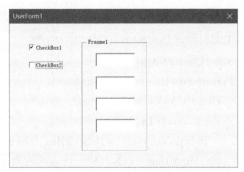

图10-61　两个框架及其内部控件都显示　　图10-62　仅显示其中的一个框架及其内部控件

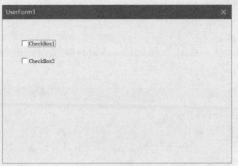

图10-63　两个框架及其内部控件都不显示

10.8　SpinButton：旋转按钮

旋转按钮 SpinButton 一般用来对数字进行递增和递减操作，通过单击旋转按钮两侧的箭头来改变数字。旋转按钮常常用于通过数字变化来控制计算的场合。

代码10077　设置旋转按钮的基本属性

要使用旋转按钮，必须先设置其属性，一般在窗体初始化程序中进行设置。

旋转按钮的主要属性有：Min（最小数字）、Max（最大数字）、SmallChange（最小变化量）和Value（旋转按钮的值）。

下面的代码是设置旋转按钮的基本属性。

```
Sub 代码10077()
Private Sub UserForm_Initialize()
    With SpinButton1
        .Min = 1
        .Max = 12
        .SmallChange = 1
        .Value = 5
    End With
End Sub
```

通过使用Value属性来获取旋转按钮的值，Value属性也是旋转按钮的默认属性。参考代码如下。运行效果如图10-64所示。

```
Sub 代码10078()
Private Sub UserForm_Initialize()
    With SpinButton1
        .Min = 1
        .Max = 12
        .SmallChange = 1
        .Value = 5
    End With
End Sub


Private Sub CommandButton1_Click()
    MsgBox "旋转按钮目前的值是:" & SpinButton1.Value
End Sub
```

图10-64　获取旋转按钮的值

利用旋转按钮的Change事件，可以实现旋转按钮与其他控件的联动。例如，当改变旋转按钮值时，旋转按钮的值自动输入到文本框、自动显示到标签或框架等。下面的代码是显示到文本框。效果如图10-65所示。

```
Sub 代码10079()
Private Sub UserForm_Initialize()
```

```
    With SpinButton1
        .Max = 100
        .Min = 1
        .SmallChange = 1
        .Value = 10
    End With
    TextBox1.TextAlign = fmTextAlignCenter
End Sub

Private Sub SpinButton1_Change()
    TextBox1.Value = SpinButton1.Value
End Sub
```

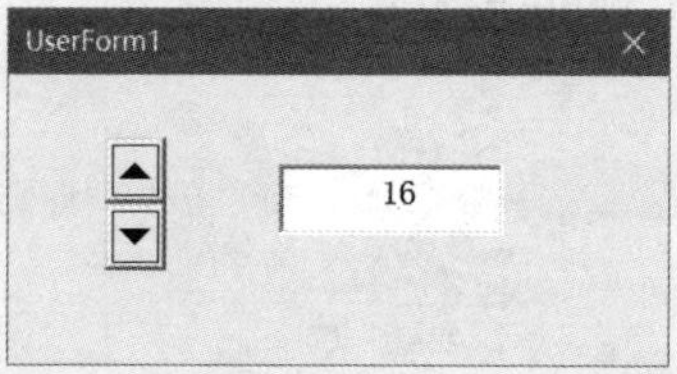

图10-65 旋转按钮与文本框联动

代码 10080 旋转按钮反向变化

利用旋转按钮的某些事件，实现当旋转按钮的值达到最大值时就自动从最小值重新开始，或者当旋转按钮的值达到最小值时就自动从最大值重新开始。

```
Sub 代码10080()
Dim mySpn As Boolean

Private Sub UserForm_Initialize()
    With SpinButton1
        .Max = 20
        .Min = 1
        .SmallChange = 1
        .Value = 10
```

```
   End With
   TextBox1.TextAlign = fmTextAlignCenter
End Sub


Private Sub SpinButton1_Change()
   mySpn = True
   TextBox1.Value = SpinButton1.Value
   mySpn = SpinButton1.Value
End Sub


Private Sub SpinButton1_SpinDown()
   With SpinButton1
      If mySpn = False Then
         If .Value = .Min Then .Value = .Max
      End If
   End With
   mySpn = False
End Sub


Private Sub SpinButton1_SpinUp()
   With SpinButton1
      If mySpn = False Then
         If .Value = .Max Then .Value = .Min
      End If
   End With
   mySpn = False
End Sub
```

代码 10081 动态查看每天的数据

下面的示例是一个简单的练习，通过旋转按钮来查看指定"日"的数据，参考代码如下。
运行效果如图10-66所示。

```
Sub 代码10081()
Private Sub UserForm_Initialize()
```

```
    With SpinButton1
        .Min = 1
        .Max = 30
        .SmallChange = –1
    End With
End Sub


Private Sub SpinButton1_Change()
    Dim ws As Worksheet
    Set ws = ThisWorkbook.Worksheets(1)
    日数.Value = SpinButton1.Value
    With ws
        门店1.Value = .Range("B" & 日数 + 1)
        门店2.Value = .Range("C" & 日数 + 1)
        门店3.Value = .Range("D" & 日数 + 1)
        门店4.Value = .Range("E" & 日数 + 1)
        .Range("A" & 日数 + 1).Select
    End With
End Sub
```

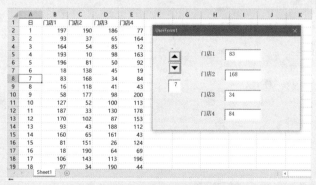

图10-66　使用旋转按钮查看数据

🔵 注意

这里把旋转按钮的SmallChange设置为–1，就是为了使旋转按钮的上下箭头与工作表A列的日数上下大小顺序一致。

10.9 ScrollBar：滚动条

滚动条也可以用来实现数字递增或递减，通过单击滚动条两侧的箭头或者拖曳中间的滑块来改变数字。滚动条操作起来比旋转按钮更加方便，因为不仅可以单击两侧箭头按钮改变值，还可以通过单击箭头和滑块之间的区域，或者拖曳滑块快速改变数值。

代码 10082　设置滚动条的基本属性

要使用滚动条，必须先设置其属性，一般在窗体初始化程序中进行设置。

滚动条的主要属性有：Min（最小数字）、Max（最大数字）、SmallChange（最小变化量，即单击两侧箭头的变化量）、LargeChange（最大变化量，即单击箭头与滑块之间的变化量）、Value（滚动条的值）。

下面的代码是设置滚动条的基本属性。

```
Sub 代码10082()
Private Sub UserForm_Initialize()
    With ScrollBar1
        .Min = 1
        .Max = 100
        .SmallChange = 1
        .LargeChange = 10
        .Value = 50
    End With
End Sub
```

代码 10083　获取滚动条的值

获取滚动条的值可以使用Value属性，这也是滚动条的默认属性。

下面的代码是单击滚动条的两侧箭头改变滚动块的位置，并将其值输出到文本框中。运行效果如图10-67所示。

```
Sub 代码10083()
Private Sub UserForm_Initialize()
  With ScrollBar1
    .Min = 1
    .Max = 100
    .SmallChange = 1
    .LargeChange = 10
  End With
End Sub


Private Sub CommandButton1_Click()
  MsgBox "滚动条目前的值是:" & ScrollBar1.Value
End Sub
```

图10-67　获取滚动条的值

代码10084　滚动条与其他控件的联动

利用滚动条的Change事件可以实现滚动条与其他控件的联动。例如，当拖动滚动条时，滚动条的值将自动输入到文本框中，并显示到标签、框架等。

下面的代码是将滚动条的值显示到标签和文本框中。运行效果如图10-68所示。

```
Sub 代码10084()
Private Sub UserForm_Initialize()
  With ScrollBar1
    .Min = 1
    .Max = 100
```

```
        .SmallChange = 1
        .LargeChange = 10
    End With
End Sub


Private Sub ScrollBar1_Change()
    Label1.Caption = "现在的值是：" & ScrollBar1.Value
    TextBox1.Value = ScrollBar1.Value
End Sub
```

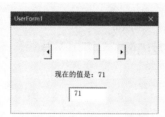

图10-68　滚动条与其他控件的联动

代码 10085　实现滚动条与工作表滚动条的同步联动

　　利用滚动条的Change事件，可以控制滚动条与工作表滚动条的同步联动，即当单击窗体的滚动条控件时，同时也使工作表的滚动条滚动，参考代码如下。运行效果如图10-69所示。

```
Sub 代码10085()
Private Sub UserForm_Initialize()
    With ScrollBar1
        .Max = 1000
        .Min = 1
        .SmallChange = 1
        .LargeChange = 30
        .Value = ActiveWindow.VisibleRange.Cells(1).Row
    End With
End Sub


Private Sub ScrollBar1_Change()
```

```
    Label1.Caption = "目前滚动到第 " & ScrollBar1.Value & "行"
    With ActiveWindow.VisibleRange
        Application.Goto Cells(ScrollBar1.Value, .Cells(1).Column), True
    End With
End Sub
```

图10-69　滚动条与工作表滚动条联动

代码10086　使用滚动条切换工作表

利用滚动条的Change事件控制切换工作表。当切换到某个工作表时，自动标识该工作表标签的颜色。参考代码如下。运行效果如图10-70所示。

```
Sub 代码10086()
Private Sub UserForm_Initialize()
    Dim ws As Worksheet
    For Each ws In ThisWorkbook.Worksheets
        ws.Tab.ColorIndex = xlColorIndexNone
    Next
    With ScrollBar1
        .Min = 1
        .Max = ThisWorkbook.Worksheets.Count
        .SmallChange = 1
        .LargeChange = 1
        .Value = 1
    End With
```

```
End Sub

Private Sub ScrollBar1_Change()
    Dim ws As Worksheet
    For Each ws In ThisWorkbook.Worksheets
        ws.Tab.ColorIndex = xlColorIndexNone
    Next
    Label1.Caption = "目前切换到第 " & ScrollBar1.Value & "工作表"
    Set ws = ThisWorkbook.Worksheets(ScrollBar1.Value)
    With ws
        .Select
        .Tab.Color = vbRed
    End With
End Sub
```

图10-70　使用滚动条切换工作表

代码10087　动态查看每天的数据

前面介绍过如何使用旋转按钮动态查看每天的数据，也可以使用滚动条来实现这样的功能。参考代码如下。运行效果如图10-71所示。

```
Sub 代码10087()
Private Sub UserForm_Initialize()
    With ScrollBar1
        .Min = 1
        .Max = 30
```

```
        .SmallChange = 1
        .LargeChange = 7
    End With
End Sub


Private Sub ScrollBar1_Change()
    Dim ws As Worksheet
    Set ws = ThisWorkbook.Worksheets(1)
    日数.Value = ScrollBar1.Value
    With ws
        门店1.Value = .Range("B" & 日数 + 1)
        门店2.Value = .Range("C" & 日数 + 1)
        门店3.Value = .Range("D" & 日数 + 1)
        门店4.Value = .Range("E" & 日数 + 1)
        .Range("A" & 日数 + 1).Select
    End With
End Sub
```

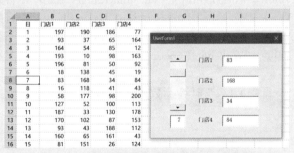

图10-71　使用滚动条控制显示每天的数据

代码10088　制作每天的统计汇总报告

这是代码10087的扩展，在窗体上不仅显示当天的数据，还显示截至当天的累计数据。参考代码如下。运行效果如图10-72所示。

```
Sub 代码10088()
Private Sub UserForm_Initialize()
```

```
    With ScrollBar1
        .Min = 1
        .Max = 30
        .SmallChange = 1
        .LargeChange = 7
    End With
End Sub


Private Sub ScrollBar1_Change()
    Dim ws As Worksheet
    Set ws = ThisWorkbook.Worksheets(1)
    日数.Value = ScrollBar1.Value
    With ws
        门店1当日.Value = .Range("B" & 日数 + 1)
        门店2当日.Value = .Range("C" & 日数 + 1)
        门店3当日.Value = .Range("D" & 日数 + 1)
        门店4当日.Value = .Range("E" & 日数 + 1)

        门店1累计.Value = WorksheetFunction.Sum(.Range("B2:B" & 日数 + 1))
        门店2累计.Value = WorksheetFunction.Sum(.Range("C2:C" & 日数 + 1))
        门店3累计.Value = WorksheetFunction.Sum(.Range("D2:D" & 日数 + 1))
        门店4累计.Value = WorksheetFunction.Sum(.Range("E2:E" & 日数 + 1))

        .Range("A" & 日数 + 1 & ":E" & 日数 + 1).Select
    End With
End Sub
```

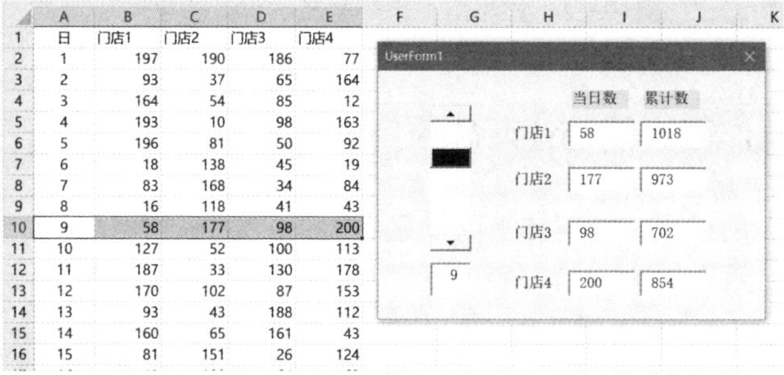

图10-72　使用滚动条控制查看某日数据和累计数据

10.10 ToggleButton：切换按钮

切换按钮 ToggleButton 用来显示是否选中了某个项目，实现像按下了录音机的录音键一样的效果。这种按钮可以更清晰地显示执行任务情况。

ToggleButton 的默认属性是 Value 属性，默认事件是 Click 事件。

当 ToggleButton 的 Value 属性是 True 时，就是按下按钮；当 ToggleButton 的 Value 属性是 False 时，就是弹起按钮。

代码10089 动态更改切换按钮的标题文字

利用切换按钮的Change事件实现切换按钮标题文字的动态变化，即当按下按钮时，就显示"按下"，同时背景颜色为绿色；当弹起按钮时，就显示"弹起"，背景恢复默认颜色。弹起和按下按钮的效果分别如图10-73和图10-74所示。

```
Sub 代码10089()
Private Sub UserForm_Initialize()
    With ToggleButton1
        .Value = False
        .Caption = "弹起"
    End With
End Sub


Private Sub ToggleButton1_Change()
    With ToggleButton1
        If .Value Then
            .Caption = "按下"
            .BackColor = vbGreen
        Else
            .Caption = "弹起"
            .BackColor = &H8000000F
        End If
    End With
End Sub
```

图10-73　弹起按钮

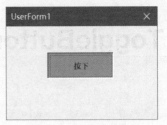
图10-74　按下按钮

代码 10090 　**设计暂停按钮**

当运行程序时，如果需要暂停一下再继续运行，可以通过使用切换按钮来实现。

下面的代码是当按下按钮时程序运行；当弹起按钮时，程序暂停；当再按下按钮时，继续从上次的运行位置运行。程序运行和暂停效果如图10-75和图10-76所示。

```
Sub 代码10090()
Dim start As Long

Private Sub UserForm_Initialize()
    With ToggleButton1
        .Value = False
        .Caption = "就绪"
    End With
    start = 1
End Sub

Private Sub ToggleButton1_Click()
    Dim i As Long
    With ToggleButton1
        For i = start To 10000
            If .Value = True Then
                .Caption = "运行"
                Label1.Caption = "第 " & i & " 次"
                DoEvents
                start = i
```

```
        Else
            .Caption = "暂停"
        End If
    Next i
    .Value = False
    If start = 10000 Then .Caption = "结束"
    End With
End Sub
```

图10-75　运行　　　　　　　　图10-76　暂停运行

10.11　TabStrip：选项卡

选项卡 TabStrip 用于设计一个每页界面结构都一样的窗体界面，在其中的某个页面插入的控件，同样控制其他页面，因此，对这个控件的设置就是对所有控件的设置。

代码10091　插入多个页面，设置标题（Add 方法）

下面的代码是启动窗体后，为选项卡插入指定个数页面的选项卡，并重新设置标题。运行效果如图10-77所示。

```
Sub 代码10091()
Private Sub UserForm_Initialize()
    Dim i As Integer
    With TabStrip1.Tabs
```

```
        For i = .Count To 13 − .Count
            .Add
        Next
      For i = 1 To .Count
         .Item(i − 1).Caption = i & "月"
      Next i
      End With
   End Sub
```

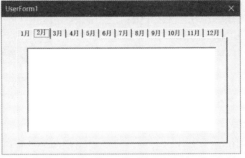

图10–77　运行效果

代码10092 利用选项卡切换数据显示（Change 事件）

下面的代码是当启动窗体后，使用选项卡的Change事件，在每个页面显示每个月份的数据到列表框中。运行效果如图10–78和图10–79所示。

```
Sub 代码10092()
Private Sub UserForm_Initialize()
   Dim i As Integer
   With TabStrip1.Tabs
      For i = 1 To .Count
         .Item(i − 1).Caption = i & "月"
      Next i
   End With
   TabStrip1.Value = 0
   With ListBox1
```

```
        .RowSource = ""
        .RowSource = "1月!A2:D14"
        .ColumnCount = 4
        .ColumnHeads = True
    End With
End Sub


Private Sub TabStrip1_Change()
    Dim wsName As String
    wsName = TabStrip1.Tabs.Item(TabStrip1.Value).Caption
    Worksheets(wsName).Select
    With ListBox1
        .RowSource = ""
        .RowSource = wsName & "!A2:D14"
        .ColumnCount = 4
        .ColumnHeads = True
    End With
End Sub
```

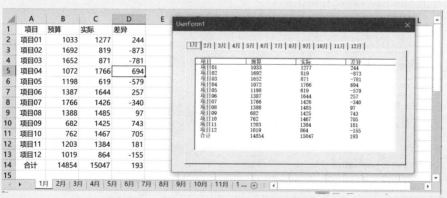

图10-78 切换选项卡，查看某月的数据（1）

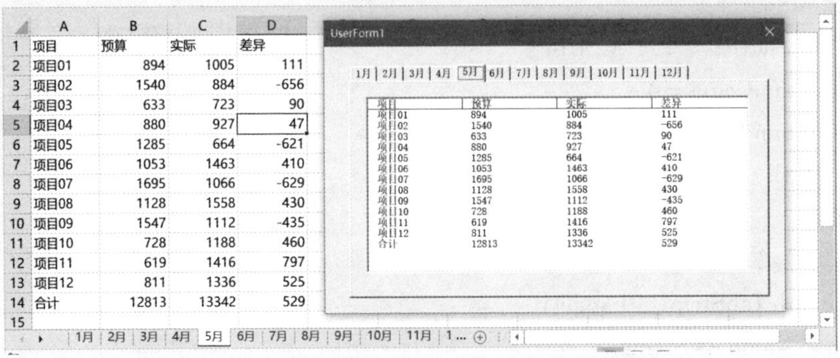

图10-79 切换选项卡，查看某月的数据（2）

代码10093 切换查看大量工作表数据

当工作簿内有大量工作表数据时，查看起来非常不方便，这时可以设计窗体，插入选项卡，根据工作表个数自动插入新的页面，并设置每个页面的标题，然后使用选项卡的Change事件，在每个页面显示每个工作表的数据。

参考代码如下。运行效果如图10-80和图10-81所示。

```
Sub 代码10093()
Private Sub UserForm_Initialize()
    Dim i As Integer
    Dim n As Integer
    n = ThisWorkbook.Worksheets.Count
    With TabStrip1.Tabs
        For i = .Count To n − .Count
            .Add
        Next
        For i = 1 To .Count
            .Item(i − 1).Caption = ThisWorkbook.Worksheets(i).Name
        Next i
    End With
    TabStrip1.Value = 0
    With ListBox1
        .RowSource = ""
```

```
        .RowSource = ThisWorkbook.Worksheets(1).Name & "!A2:D14"
        .ColumnCount = 4
        .ColumnHeads = True
    End With
End Sub


Private Sub TabStrip1_Change()
    Dim wsName As String
    wsName = TabStrip1.Tabs.Item(TabStrip1.Value).Caption
    Worksheets(wsName).Select
    With ListBox1
        .RowSource = ""
        .RowSource = wsName & "!A2:D14"
        .ColumnCount = 4
        .ColumnHeads = True
    End With
End Sub
```

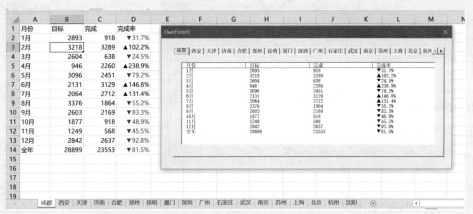

图10-80　启动窗体，自动切换到第一个城市的工作表

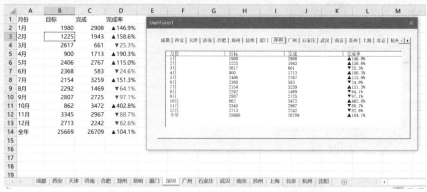

图10-81　切换查看某个城市的工作表数据

10.12　MultiPage：多页

与选项卡 TabStrip 不同的是，多页 MultiPage 不仅可以有多个页面，而且每个页面上可以有不同的控件和布局，以完成不同的任务。

代码10094　添加新页面（Add 方法）

下面的代码是启动窗体后，为多页添加几个页面，并重新设置标题。运行效果如图10-82所示。

```
Sub 代码10094()
Private Sub UserForm_Initialize()
    Dim i As Integer
    With MultiPage1
        For i = 1 To 5
            .Pages.Add
        Next
        .Value = 0
    End With
End Sub
```

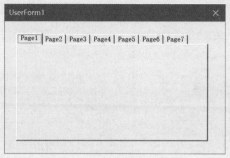

图10-82　自动添加新页面

代码10095 设置各个页面的标题文本（Caption 属性）

多页控件的每个页面标题是默认的Page1、Page2等，可以使用Caption属性设置新的标题文本。参考代码如下。窗体设计和运行效果分别如图10-83和图10-84所示。

```
Sub 代码10095()
Private Sub UserForm_Initialize()
    Dim i As Integer
    Dim arr As Variant
    arr = Array("财务部","销售部","人力资源部","生产部","产品研发部","信息部","后勤部")
    With MultiPage1.Pages
        For i = 0 To UBound(arr) − .Count
            .Add
        Next
        For i = 1 To .Count
            .Item(i − 1).Caption = arr(i − 1)
        Next i
    End With
    MultiPage1.Value = 0
End Sub
```

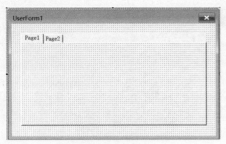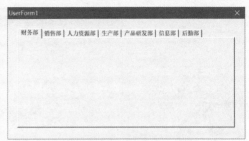

图10-83　窗体设计　　　　　　　　　　　　　图10-84　运行效果

代码10096　获取某个页面的信息

　　获取某个页面的信息，包括页面的索引号（值）、名称和标题等，可以使用相关的属性来获取。参考代码如下。运行效果如图10-85所示。

　　MultiPage控件的Value是获取页面的值，也就是其索引号。第1个页面的值是0，第2个页面的值是1，以此类推。

　　引用某个页面是使用Pages对象的Item属性，Item(0)是第1个页面，Item(1)是第2个页面，以此类推。

```
Sub 代码10096()
Private Sub UserForm_Initialize()
    Dim i As Integer
    Dim arr As Variant
    arr = Array("财务部","销售部","人力资源部","生产部","产品研发部","信息部","后勤部")
    With MultiPage1.Pages
      For i = 0 To UBound(arr) – .Count
        .Add
      Next
      For i = 1 To .Count
        .Item(i – 1).Caption = arr(i – 1)
      Next i
    End With
    MultiPage1.Value = 0
End Sub
```

```
Private Sub CommandButton1_Click()
    Dim 页索引号 As Integer
    Dim 页名称 As String
    Dim 页标题 As String
    With MultiPage1
        页索引号 = .Value
        With .Pages
            页名称 = .Item(页索引号).Name
            页标题 = .Item(页索引号).Caption
        End With
        MsgBox "你选择了第 " & 页索引号 + 1 & "个页面" & vbCrLf _
            & "该页面名称是:" & 页名称 & " ，页标题是:" & 页标题
    End With
End Sub
```

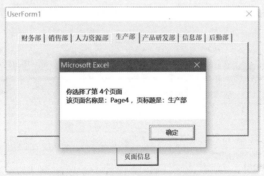

图10-85　获取选中页面的信息

代码10097　使用多页控件管理不同业务数据

下面的代码是使用两个页面控件，分别从两个不同业务工作表中查询数据。
合同信息页面和发票信息页面的窗体结构设计分别如图10-86和图10-87所示。

图10-86　合同信息页面

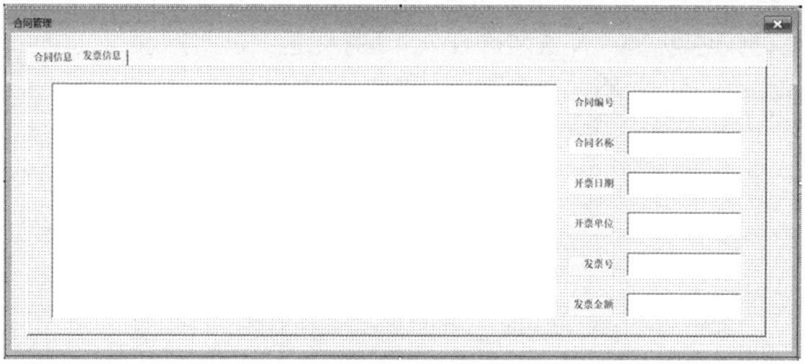

图10-87　发票信息页面

参考代码如下。

```
Sub 代码10097()
Dim ws1 As Worksheet
Dim ws2 As Worksheet
Dim n1 As Long
Dim n2 As Long
Private Sub UserForm_Initialize()
    MultiPage1.Value = 0
    Set ws1 = ThisWorkbook.Worksheets("合同信息")
    Set ws2 = ThisWorkbook.Worksheets("发票信息")
    n1 = ws1.Range("A10000").End(xlUp).Row
    n2 = ws2.Range("A10000").End(xlUp).Row
    Label12.Caption = "合同信息:" & n1 – 1 & "条记录"
```

```
      Label13.Caption = "发票信息: " & n2 - 1 & "条记录"
      With ListBox1
        .RowSource = ""
        .RowSource = ws1.Name & "!A2:E" & n1
        .ColumnCount = 5
        .ColumnHeads = True
      End With
      With ListBox2
        .RowSource = ""
        .RowSource = ws2.Name & "!A2:F" & n2
        .ColumnCount = 6
        .ColumnHeads = True
      End With
  End Sub


  Private Sub MultiPage1_Change()
      Dim ctr As Control
      ListBox1.ListIndex = -1
      ListBox2.ListIndex = -1
      For Each ctr In Me.Controls
        If TypeName(ctr) = "TextBox" Then
           ctr.Value = ""
        End If
      Next
      If MultiPage1.Value = 0 Then
        ws1.Select
      Else
        ws2.Select
      End If
  End Sub


  Private Sub ListBox1_Click()
      Dim n As Long
```

```
    With ListBox1
        n = .ListIndex
        TextBox1.Value = .List(n, 0)
        TextBox2.Value = .List(n, 1)
        TextBox3.Value = Format(.List(n, 2), "#,##0.00")
        TextBox4.Value = .List(n, 3)
        TextBox5.Value = Format(.List(n, 4), "yyyy-m-d")
    End With
End Sub


Private Sub ListBox2_Click()
    Dim n As Long
    With ListBox2
        n = .ListIndex
        TextBox6.Value = .List(n, 0)
        TextBox7.Value = .List(n, 1)
        TextBox8.Value = Format(.List(n, 2), "yyyy-m-d")
        TextBox9.Value = .List(n, 3)
        TextBox10.Value = .List(n, 4)
        TextBox11.Value = Format(.List(n, 5), "#,##0.00")
    End With
End Sub
```

运行窗体，查看合同信息和发票信息，运行效果如图10-88和图10-89所示。

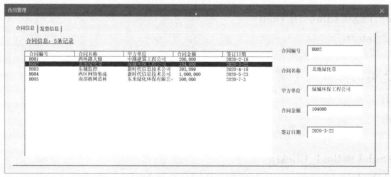

图10-88　查看合同信息

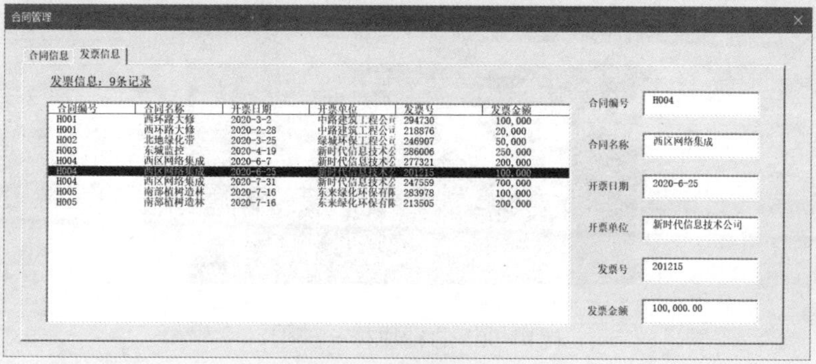

图10-89　查看发票信息

10.13　Image：图像

图像 Image 是一个显示图片的控件，可以用来浏览文件夹的图片，或者自动加载需要的图片。下面介绍几个小技巧。

代码 10098　自动加载图片

下面的代码是启动窗体时，自动从文件夹里把指定的图片显示到Image1控件上。运行效果如图10-90所示。

```
Sub 代码10098()
Private Sub UserForm_Initialize()
    Dim PicFile As String
    PicFile = ThisWorkbook.Path & "\练习图片.JPG"
    With Image1
        .Picture = LoadPicture(PicFile)
        .PictureSizeMode = fmPictureSizeModeStretch
        .PictureAlignment = fmPictureAlignmentCenter
    End With
End Sub
```

图10-90　　自动加载指定图片

代码 10099　通过对话框选择加载图片

下面的代码是显示对话框，由用户自己通过对话框从文件夹内选择某个图像文件，并在窗体上显示该图片。

```
Sub 代码10099()
Private Sub CommandButton1_Click()
    On Error Resume Next
    Dim myFile As String
    myFile = Application.GetOpenFilename("图片文件(*.bmp;*.jpg),* bmp;*.jpg")
    With Image1
        .Picture = LoadPicture(myFile)
        .PictureSizeMode = fmPictureSizeModeStretch
        .PictureAlignment = fmPictureAlignmentCenter
    End With
End Sub
```

代码 10100　设计产品资料浏览器

有很多产品的资料保存到了工作表中，而每种产品的图片都保存到了文件夹中，可以设计一个产品资料浏览器，令其不仅可以查看产品基本资料，还可以查看产品的图片。

参考代码如下。窗体结构设计如图 10-91 所示。运行效果如图 10-92 所示。

```
Sub 代码10100()
Dim ws As Worksheet
```

```
Private Sub UserForm_Initialize()
  Dim n As Long
  Set ws = ThisWorkbook.Worksheets("产品资料")
  n = ws.Range("A10000").End(xlUp).Row
  With ListBox1
    .RowSource = ws.Name & "!A2:A" & n
    .ListStyle = fmListStyleOption
  End With
End Sub


Private Sub ListBox1_Click()
  With TextBox1
    .Value = ws.Range("B" & ListBox1.ListIndex + 2)
    .MultiLine = True
  End With
  With Image1
    On Error GoTo aaa
    .Picture = LoadPicture(ThisWorkbook.Path & "\" & ListBox1.Value & ".jpg")
    GoTo bbb
aaa:
    .Picture = LoadPicture(ThisWorkbook.Path & "\none.jpg")
bbb:
    .PictureSizeMode = fmPictureSizeModeStretch
    .PictureAlignment = fmPictureAlignmentCenter
  End With
End Sub
```

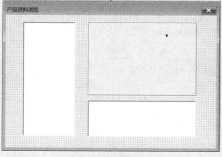

图10-91　产品资料浏览器窗体设计

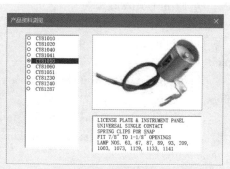

图10-92　运行效果

代码 10101　设计员工简历浏览器

仿照代码10100也可以设计一个员工简历浏览器，不仅可以查看指定员工的基本信息资料，还可以查看员工图片。

参考代码如下。窗体设计如图10-93所示。运行效果如图10-94所示。

```vba
Sub 代码10101()
Dim ws As Worksheet
Private Sub UserForm_Initialize()
    Dim n As Long
    Set ws = ThisWorkbook.Worksheets("员工信息")
    n = ws.Range("A10000").End(xlUp).Row
    With ListBox1
        .RowSource = ws.Name & "!A2:A" & n
        .ListStyle = fmListStyleOption
    End With
End Sub


Private Sub ListBox1_Click()
    Dim i As Integer
    Dim n As Long
    n = ListBox1.ListIndex + 2
    For i = 1 To 8
        Me.Controls("TextBox" & i).Value = ws.Cells(n, i)
    Next i
    With Image1
        On Error GoTo aaa
        .Picture = LoadPicture(ThisWorkbook.Path & "\" & ListBox1.Value & ".jpg")
        GoTo bbb
aaa:
        .Picture = LoadPicture(ThisWorkbook.Path & "\none.jpg")
bbb:
        .PictureSizeMode = fmPictureSizeModeStretch
        .PictureAlignment = fmPictureAlignmentCenter
    End With
End Sub
```

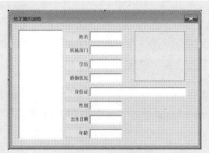

图10-93 窗体设计

图10-94 运行效果

10.14 Frame：框架

框架 Frame 的主要功能是用来对窗体上不同功能的控件进行分组，让窗体界面更加清晰且容易操作。另外，也可以使用窗体的 Caption 属性显示数据处理结果。

代码 10102 设计动态框架标题文字

下面的代码是当启动窗体后，标签Frame1的标题显示总人数说明文字，并用标签将3个不同功能的数据信息表进行分组处理，运行效果如图10-95所示。

```
Sub 代码10102()
Private Sub UserForm_Initialize()
    Dim ws As Worksheet
    Dim n As Long
    Dim Rng As Range
    Set ws = ThisWorkbook.Worksheets("员工信息")
    n = ws.Range("A10000").End(xlUp).Row
    With Frame1
        .Caption = "总人数:" & n – 1 & " 人"
        .ForeColor = vbRed
        With .Font
```

```
            .Size = 13
            .Bold = True
        End With
    End With
    With ListBox1
        .RowSource = ws.Name & "!A2:E" & n
        .ColumnCount = 7
        .ColumnHeads = True
    End With
    Set Rng = ws.Range("B:B")
    With TextBox1
        .Value = "总经办:" & WorksheetFunction.CountIf(Rng, "总经办") _
            & vbCrLf & "总经办:" & WorksheetFunction.CountIf(Rng, "总经办") _
            & vbCrLf & "财务部:" & WorksheetFunction.CountIf(Rng, "财务部") _
            & vbCrLf & "生产部:" & WorksheetFunction.CountIf(Rng, "生产部") _
            & vbCrLf & "销售部:" & WorksheetFunction.CountIf(Rng, "销售部") _
            & vbCrLf & "市场部:" & WorksheetFunction.CountIf(Rng, "市场部") _
            & vbCrLf & "技术部:" & WorksheetFunction.CountIf(Rng, "技术部") _
            & vbCrLf & "信息部:" & WorksheetFunction.CountIf(Rng, "信息部") _
            & vbCrLf & "贸易部:" & WorksheetFunction.CountIf(Rng, "贸易部") _
            & vbCrLf & "后勤部:" & WorksheetFunction.CountIf(Rng, "后勤部")
        .MultiLine = True
    End With
    Set Rng = ws.Range("C:C")
    With TextBox2
        .Value = "博士:" & WorksheetFunction.CountIf(Rng, "博士") _
            & vbCrLf & "硕士:" & WorksheetFunction.CountIf(Rng, "硕士") _
            & vbCrLf & "本科:" & WorksheetFunction.CountIf(Rng, "本科") _
            & vbCrLf & "大专:" & WorksheetFunction.CountIf(Rng, "大专") _
            & vbCrLf & "高中:" & WorksheetFunction.CountIf(Rng, "高中")
        .MultiLine = True
    End With
    Set Rng = ws.Range("E:E")
    With TextBox3
```

```
        .Value = "男员工:" & WorksheetFunction.CountIf(Rng, "男") _
            & vbCrLf & "女员工:" & WorksheetFunction.CountIf(Rng, "女")
        .MultiLine = True
    End With
End Sub
```

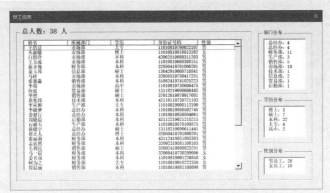

图10-95　运行效果，框架显示总人数

代码 10103　利用框架实现选项按钮的多选功能

前面在介绍选项按钮时说过，选项按钮只能单选，如果要想实现多选，就必须使用框架进行分组。

下面是一个示例，可以选择排序的项目、排序方式，并对数据区域进行排序。窗体设计如图 10-96 所示。

图10-96　窗体设计

参考代码如下。

```
Sub 代码10103()
```

```
Private Sub CommandButton1_Click()
    Dim ws  As Worksheet
    Dim Rng As Range
    Dim Cel As Variant
    Dim Ord As Variant
    Set ws = ThisWorkbook.Worksheets(1)
    Set Rng = ws.Range("A1:C15")

    If 销售额.Value = True Then
        Cel = ws.Range("B1")
    ElseIf 毛利.Value = True Then
        Cel = ws.Range("C1")
    End If

    If 降序.Value = True Then
        Ord = xlDescending
    ElseIf 升序.Value = True Then
        Ord = xlAscending
    End If

    Rng.Sort key1:=Cel, Order1:=Ord, Header:=xlYes
End Sub
```

运行窗体，设置排序方式，就能对选定的项目按照指定的方式进行排序，运行效果如图10-97所示。

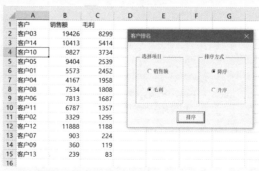

图10-97　选项按钮多选效果：指定项目、指定方式的数据排序

代码 10104 设计配色器

通过对框架背景色进行填充，可以设计一个配色器，通过改变RGB的3个数字来获取某种颜色。

设计窗体如图10-98所示。3个框架分别用来显示单色，第4个框架显示RGB色，3个滚动条用于改变数字大小，切换按钮用于运行程序。

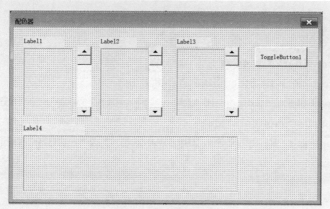

图10-98 设计窗体

参考代码如下。

```
Sub 代码10104()
Private Sub UserForm_Initialize()
    With ScrollBar1
        .Min = 0
        .Max = 255
        .SmallChange = 5
    End With
    With ScrollBar2
        .Min = 0
        .Max = 255
        .SmallChange = 5
    End With
    With ScrollBar3
        .Min = 0
```

```
        .Max = 255
        .SmallChange = 5
    End With
    With ToggleButton1
        .Value = False
        .Caption = "停止"
    End With
End Sub


Private Sub ScrollBar1_Change()
    Frame1.BackColor = RGB(ScrollBar1.Value, 0, 0)
    Frame4.BackColor = RGB(ScrollBar1.Value, ScrollBar2.Value, ScrollBar3.Value)
    Label1.Caption = ScrollBar1.Value
     Label4.Caption = "RGB(" & ScrollBar1.Value & "," & ScrollBar2.Value & "," & Scroll-
Bar3.Value & ")"
    End Sub


    Private Sub ScrollBar2_Change()
    Frame2.BackColor = RGB(0, ScrollBar2.Value, 0)
    Frame4.BackColor = RGB(ScrollBar1.Value, ScrollBar2.Value, ScrollBar3.Value)
    Label2.Caption = ScrollBar2.Value
     Label4.Caption = "RGB(" & ScrollBar1.Value & "," & ScrollBar2.Value & "," & Scroll-
Bar3.Value & ")"
    End Sub


    Private Sub ScrollBar3_Change()
    Frame3.BackColor = RGB(0, 0, ScrollBar3.Value)
    Frame4.BackColor = RGB(ScrollBar1.Value, ScrollBar2.Value, ScrollBar3.Value)
    Label3.Caption = ScrollBar3.Value
     Label4.Caption = "RGB(" & ScrollBar1.Value & "," & ScrollBar2.Value & "," & Scroll-
Bar3.Value & ")"
    End Sub
```

```
Private Sub ToggleButton1_Change()
    If ToggleButton1.Value Then
        ToggleButton1.Caption = "开始"
        ScrollBar1.Value = WorksheetFunction.RandBetween(1, 255)
        ScrollBar2.Value = WorksheetFunction.RandBetween(1, 255)
        ScrollBar3.Value = WorksheetFunction.RandBetween(1, 255)
        ScrollBar1_Change
        ScrollBar2_Change
        ScrollBar3_Change
        DoEvents
    Else
        ToggleButton1.Caption = "停止"
    End If
End Sub
```

运行程序，按下切换按钮或者手动拖曳滚动条，就能观察不同RGB颜色，如图10-99所示。

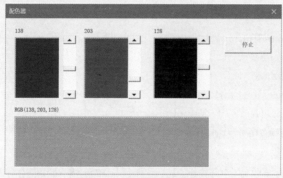

图10-99　RGB颜色配色器

10.15 RefEdit：选择框

选择框 RefEdit 一般用于通过窗体控件来选择单元格区域，并进行编辑和相应操作。这个控件虽不常用，但在某些情况下，却是很有用的。

代码 10105 通过选择框快速复制、粘贴数据

RefEdit控件得到的结果是一个鼠标引用单元格区域的字符串，这样就可以使用Range对象将这个字符串进行转换，然后再进行其他的操作。

下面的示例窗体上有两个RefEdit选择框，一个用于选择要复制的源数据区域，一个指定要粘贴的目标单元格，单击"粘贴"按钮，将选定的单元格区域数据复制到指定的位置。设计窗体如图10-100所示。

图10-100 设计窗体

参考代码如下。

```
Sub 代码10105()
Private Sub CommandButton1_Click()
    Dim RngS As Range
    Dim RngD As Range
    Set RngS = Range(RefEdit1.Value)
    Set RngD = Range(RefEdit2.Value)
    RngS.Copy Destination:=RngD
End Sub
```

运行窗体，分别选择要复制的数据源区域和目标单元格，如图10-101所示。单击"粘贴"按钮即可。

图10-101 运行效果

代码10106 通过选择框快速输入计算公式

下面的一个简单示例说明如何通过选择框快速输入数组计算公式。运行效果如图10-102和图10-103所示。

```
Sub 代码10106()
Private Sub CommandButton1_Click()
    Range(RefEdit3.Value).FormulaArray = "=" & RefEdit1.Value & "*" & RefEdit2.Value
End Sub
```

图10-102　选择数据区域

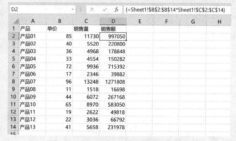

图10-103　得到的数组公式

Control对象：非标准控件及其应用

在实际数据处理中，还有一些非常实用的非标准控件，如ListView、TreeView和ProgressBar等，本章将对这些控件进行介绍。

11.1 ProgressBar：进度条

在介绍标签时，除了可以利用标签来制作个性化进度条，还可以使用现有的一个进度条控件 ProgressBar 来制作进度条。

要使用 ProgressBar 控件，必须先将其添加到控件工具箱，控件名称为 Microsoft ProgressBar Control，version 6.0，如图 11-1 所示。

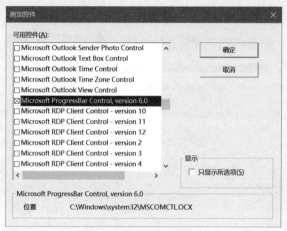

图11-1　引用Microsoft ProgressBar Control，version 6.0

代码 11001　设置进度条属性

在使用进度条控件时，必须先设置其属性，主要有Min（最小值）、Max（最大值）、Value（进度值）、BorderStyle（边框样式）。

下面的代码是设置进度条属性。

```
Sub 代码11001()
Private Sub UserForm_Initialize()
    With ProgressBar1
        .Min = 0
        .Max = 100
```

```
        .Value = 60
        .BorderStyle = ccFixedSingle
        MsgBox "目前进度条已进行到 " & Format(.Value / .Max, "0.%")
    End With
End Sub
```

代码 11002　在程序中使用进度条

设计一个进度条窗体，如图11-2所示。窗体上有一个进度条ProgressBar1和一个标签Label1，分别可视化显示进度和百分比。设计如下的主程序，在主程序中启动这个窗体。参考代码如下。

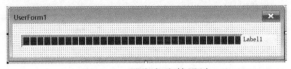

图11-2　进度条窗体设计

```
Sub 代码11002()
Sub 进度条测试()
    Dim i As Long
    Dim n As Long
    n = 10000
    With UserForm1
        With .ProgressBar1
            .Min = 0
            .Max = n
            .BorderStyle = ccFixedSingle
        End With
        .Caption = "正在进行计算，请稍后……"
        .Show 0
    End With
    DoEvents
    For i = 1 To n
        With UserForm1
            .ProgressBar1.Value = i
```

```
        .Label1.Caption = Format(i / n, "0%")
      End With
      DoEvents
    Next i
    Unload UserForm1
End Sub
```

●注意

不能为用户窗体设置任何事件程序。

运行程序，就可以看到进度条显示情况，如图11-3所示。

图11-3　进度条显示计算进度

11.2 ListView控件：设计输出报表

ListView 是在窗体中以表格的形式显示数据的控件，它不是常用的控件。要使用 ListView 控件，需要首先将其添加到控件工具箱，控件名称为 Microsoft ListView Control , version 6.0，如图 11-4 所示。

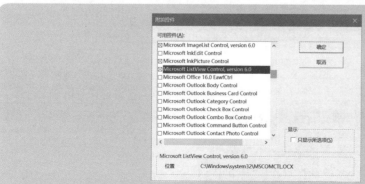

图11-4　引用Microsoft ListView Control , version 6.0

代码11003　添加表头

设计ListView报表需要先了解几个重要的属性和方法。

报表要有表头。使用ColumnHeaders集合的Add方法为ListView添加表头。下面的代码是为ListView添加表头的基本方法。注意在添加新表头前，最好先做好清除工作。

```
Sub 代码11003()
Private Sub UserForm_Initialize()
    Dim arr As Variant
    Dim i As Integer
    Dim col As ColumnHeader
    arr = Array("姓名", "性别", "部门", "学历", "身份证号码", "入职日期")
    With ListView1
      .View = lvwReport
      With .ColumnHeaders
        .Clear          '删除旧的表头
        For i = 0 To UBound(arr)
          Set col = .Add()
          col.Text = arr(i)
        Next i
      End With
    End With
End Sub
```

运行效果如图11-5所示。

图11-5　ListView添加的表头

在设置表头时，下面几个重要的语句必不可少。

（1）将ListView对象的View属性设置为lvwReport（报表）。

ListView1.View = lvwReport

（2）使用ColumnHeaders集合的Clear方法清除表头。

ListView1.ColumnHeaders.Clear

（3）使用ColumnHeaders集合的Add方法添加表头。

ListView1.ColumnHeaders.Add

Add方法有如下6个参数。

ListView1.ColumnHeaders.Add(index, Key, Text, Width, Alignment, Icon)

重点是设置下面的3个参数。

● Text：指定列表头文本。

● Width：指定列宽。

● Alignment：指定列文本对齐方式。

代码11003是用循环方法添加表头，每列宽度一样，对齐方式也一样。下面的代码是单独添加每列表头，并对每列宽度做不同的设置。运行效果如图11-6所示。

```
Sub 代码11003_1()
Private Sub UserForm_Initialize()
    With ListView1
      .View = lvwReport
      With .ColumnHeaders
        .Clear
        .Add Text:="姓名", Width:=60
        .Add Text:="性别", Width:=40
        .Add Text:="部门", Width:=60
        .Add Text:="学历", Width:=60
        .Add Text:="身份证号码", Width:=120
        .Add Text:="入职日期", Width:=60
      End With
    End With
End Sub
```

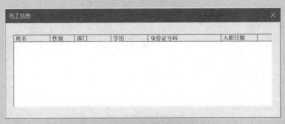

图11-6　设置表头宽度的表头

上面的代码还可以简化为

```
Sub 代码11003_2()
Private Sub UserForm_Initialize()
    With ListView1
        .View = lvwReport
        With .ColumnHeaders
            .Clear
            .Add , , "姓名", 60
            .Add , , "性别", 40
            .Add , , "部门", 60
            .Add , , "学历", 60
            .Add , , "身份证号码", 120
            .Add , , "入职日期", 60
        End With
    End With
End Sub
```

代码 11004　添加单行数据

为ListView报表添加表行数据，是使用ListItems集合的Add方法。但要注意以下几点。

（1）Add方法有6个参数，主要是设置第3个参数Text（各列数据）。

（2）使用ListItems集合的Add方法添加第一列数据。

（3）使用SubItems属性添加第二列以后的各列数据。

下面的代码就是为ListView报表添加两行新数据，添加之前，使用ListItems集合的Clear方法来清除原来的数据。

```
Sub 代码11004()
Private Sub UserForm_Initialize()
    Dim xItem As listItem
    '添加表头
    With ListView1
        .View = lvwReport
        With .ColumnHeaders
            .Clear
```

```
            .Add , , "姓名", 60
            .Add , , "性别", 40
            .Add , , "部门", 60
            .Add , , "学历", 60
            .Add , , "身份证号码", 120
            .Add , , "入职日期", 60
        End With
    End With


    '添加表行数据
    With ListView1.ListItems
        '添加一行新数据
        Set xItem = .Add
        With xItem
            .Text = "张三"      '为新行的第一列输入数据(姓名)
            .SubItems(1) = "男"
            .SubItems(2) = "财务部"
            .SubItems(3) = "硕士"
            .SubItems(4) = "110108199002022239"
            .SubItems(5) = "2012-5-23"
        End With


        '再添加一行新数据
        Set xItem = .Add
        With xItem
            .Text = "王小蒙"      '为新行的第一列输入数据(姓名)
            .SubItems(1) = "女"
            .SubItems(2) = "产品研发部"
            .SubItems(3) = "博士"
            .SubItems(4) = "320223198710212048"
            .SubItems(5) = "2018-12-1"
        End With
    End With
End Sub
```

启动窗体，得到如图11-7所示的ListView报表。

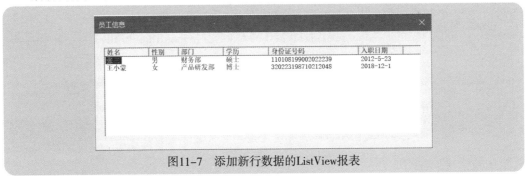

图11-7　添加新行数据的ListView报表

代码 11005　批量添加行数据

按代码11004中的方法添加新行数据比较麻烦，因此可以使用循环的方法来添加数据。如图11-8所示的窗体是查找指定部门的员工信息。工作表数据如图11-9所示。

图11-8　查找指定部门的员工信息

	A	B	C	D	E	F	G	H
1	姓名	所属部门	学历	婚姻状况	身份证号码	性别	出生日期	年龄
2	刘晓晨	后勤部	本科	已婚	421122196212152153	男	1962-12-15	57
3	石破天	生产部	本科	已婚	110108195701095755	男	1957-1-9	63
4	蔡晓宇	总经办	硕士	已婚	131182196906114415	男	1969-6-11	51
5	祁正人	总经办	博士	已婚	320504197010062010	男	1970-10-6	49
6	张丽莉	财务部	本科	未婚	431124198510053836	男	1985-10-5	34
7	孟欣然	财务部	本科	已婚	320923195611081635	男	1956-11-8	63
8	毛利民	销售部	硕士	已婚	320924198008252511	男	1980-8-25	39
9	马一晨	财务部	本科	已婚	320684197302090066	女	1973-2-9	47
10	王浩忌	市场部	大专	未婚	110108197906221075	男	1979-6-22	41
11	王嘉木	生产部	本科	已婚	371482195810102648	女	1958-10-10	61
12	丛赫敏	市场部	本科	已婚	11010819810913162X	女	1981-9-13	38
13	白留洋	市场部	本科	已婚	420625196803112037	男	1968-3-11	52

图11-9　员工基本信息数据表

下面的代码是查找数据并生成ListView报表，包括设置表头和添加数据。这里主要是为了练习ListView的使用方法，因此使用了循环方法来查找数据，这是个效率较低的方法。

```vb
Sub 代码11005()
Dim ws As Worksheet
Private Sub UserForm_Initialize()
    Dim arrWidth As Variant
    Dim i As Integer
    Set ws = ThisWorkbook.Worksheets(1)
    arrWidth = Array(60, 70, 50, 60, 130, 40, 60, 50)  '指定各列列宽
    '设置ListView表头
    With ListView1.ColumnHeaders
        .Clear
        For i = 0 To 7
            .Add , , ws.Cells(1, i + 1), arrWidth(i)
        Next i
    End With
    ListView1.View = lvwReport
End Sub


Private Sub CommandButton1_Click()
    Dim n As Long
    Dim i As Long
    Dim j As Long
    Dim xItem As ListItem
    n = ws.Range("A10000").End(xlUp).Row
    With ListView1.ListItems
        .Clear
        For i = 2 To n
            If ws.Range("B" & i) = TextBox1.Value Then
                Set xItem = .Add
                With xItem
                    .Text = ws.Range("A" & i)
                    For j = 1 To 7
```

```
            .SubItems(j) = ws.Cells(i, j + 1)
        Next j
    End With
    End If
    Next i
    End With
End Sub
```

运行窗体，在文本框里输入部门名称，单击"查找"按钮，得到指定部门的员工信息表，如图11-10所示。

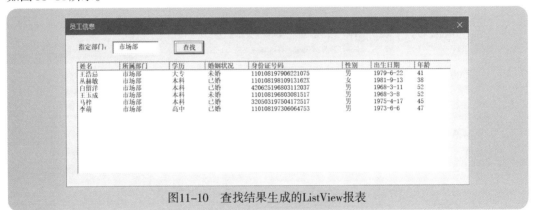

图11-10　查找结果生成的ListView报表

代码 11006　设置报表格式

默认情况下，ListView没有网格线、字体很小且背景也不好看，所以可以设置ListView报表格式。

下面是设置ListView报表格式的常用语句。

```
Sub 代码11006()
    With ListView1
        .View = lvwReport              '输出报表
        .Gridlines = True              '显示网格线
        .Font.Name = "微软雅黑"         '设置字体
        .Font.Size = 9                 '设置字号
        .BackColor = &H8000000B        '设置背景色(填充颜色)
```

```
    .ForeColor = vbBlue              '设置前景色(字体颜色)
    .FullRowSelect = True            '允许选择整行
End With
```

图11-11所示的是在窗体初始化程序中增加了上述格式化语句后的报表。

图11-11　格式化报表

代码11007　从 ListView 中选择输出某条数据

当生成了ListView后，可以单击某条记录，然后把该条记录显示到另外的控件里（文本框），以便更加清楚地查看数据。此时，可以使用ListView的ItemClick事件。

当单击ListView的某条记录时，就得到被选择记录的索引号SelectedItem.Index，然后根据这个索引号，就可以把该条记录的各列数据取出来。

参考代码如下。运行效果如图11-12所示。

```
Sub 代码11007()
Private Sub UserForm_Initialize()
    Dim ws As Worksheet
    Dim arrWidth As Variant
    Dim i As Integer
    Dim j As Long
    Dim n As Long
    Dim xItem As ListItem
    Set ws = ThisWorkbook.Worksheets(1)
    n = ws.Range("A10000").End(xlUp).Row
    arrWidth = Array(60, 70, 50, 60, 130, 40, 60, 50)  '指定各列列宽
```

```
'设置ListView表头
With ListView1.ColumnHeaders
    .Clear
    For i = 0 To 7
        .Add , , ws.Cells(1, i + 1), arrWidth(i)
    Next i
End With


'设置报表格式
With ListView1
    .View = lvwReport              '输出报表
    .Gridlines = True              '显示网格线
    .Font.Name = "宋体"            '设置字体
    .Font.Size = 10                '设置字号
    .FullRowSelect = True          '允许选择整行
End With


'将工作表所有数据输出到ListView
With ListView1.ListItems
    .Clear
    For i = 2 To n
        Set xItem = .Add
        With xItem
            .Text = ws.Range("A" & i)
            For j = 1 To 7
                .SubItems(j) = ws.Cells(i, j + 1)
            Next j
        End With
    Next i
End With
End Sub


Private Sub ListView1_ItemClick(ByVal Item As MSComctlLib.ListItem)
```

```
Dim i As Long
With ListView1
    i = .SelectedItem.Index
    With .ListItems(i)
        TextBox1.Value = .Text
        TextBox2.Value = .SubItems(1)
        TextBox3.Value = .SubItems(2)
        TextBox4.Value = .SubItems(3)
        TextBox5.Value = .SubItems(4)
        TextBox6.Value = .SubItems(5)
        TextBox7.Value = .SubItems(6)
        TextBox8.Value = .SubItems(7)
    End With
End With
End Sub
```

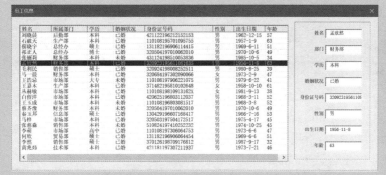

图11-12 单击某条记录，将其各列数据显示在文本框中

代码 11008 输出 ListView 的全部数据

有时需要把ListView报表里的全部数据输出到指定的位置。例如，另存为一个新工作表或工作簿。此时，可以使用循环的方法，把ListView报表里的全部数据输出到工作表，也可以使用数组的方法来完成。

使用循环方法容易理解，但效率较低。下面的代码是使用循环方法导出ListView报表的全部数据。

```
Sub 代码11008()
Private Sub CommandButton1_Click()
    Dim n As Long
    Dim i As Long
    Dim j As Long
    Dim wb As Workbook
    Dim ws As Worksheet

    '获取ListView的数据行数
    n = ListView1.ListItems.Count

    '创建新工作簿
    Set wb = Workbooks.Add
    Set ws = wb.Worksheets(1)
    ws.Range("E:E").NumberFormatLocal = "@"

    With ListView1
        '复制表头
        For i = 1 To .ColumnHeaders.Count
            ws.Cells(1, i) = .ColumnHeaders(i)
        Next i

        '导出各行数据
        For i = 1 To n
            ws.Cells(i + 1, 1) = .ListItems(i).Text
            For j = 1 To .ColumnHeaders.Count - 1
                ws.Cells(i + 1, j + 1) = .ListItems(i).SubItems(j)
            Next j
        Next i
    End With

    '保存新工作簿
    wb.SaveAs Filename:=ThisWorkbook.Path & "\" _
            & Format(Now(), "yyyymmddhhmmss") & ".xlsx"
    wb.Close
End Sub
```

代码 11009 清除 ListView 的数据

清除ListView的行数据使用的是ListItems集合的Clear方法。

清除ListView的表头使用的是ColumnHeaders集合的Clear方法。

下面的代码是清除表头、行数据、全部内容和恢复数据。

```
Sub 代码11009()
Private Sub CommandButton1_Click()          '清除全部数据
  With ListView1
    .ColumnHeaders.Clear
    .ListItems.Clear
  End With
End Sub


Private Sub CommandButton2_Click()          '清除表头(全部数据)
  ListView1.ColumnHeaders.Clear
End Sub


Private Sub CommandButton3_Click()          '清除行数据，保留表头
  ListView1.ListItems.Clear
End Sub


Private Sub CommandButton4_Click()          '恢复数据
  Call UserForm_Initialize
End Sub
```

11.3 TreeView控件：树状结构选择视图

TreeView 控件是以树状结构显示数据的控件。利用 TreeView 控件，可以设计出树状结构图，便于快速选择不同的项目。

要使用 TreeView 控件，首先需要将其添加到控件工具箱中，控件名称为 Microsoft TreeView Control，version 6.0，如图 11-13 所示。

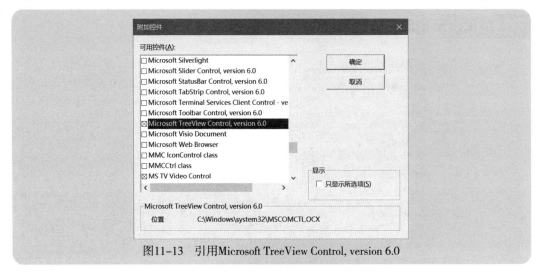

图11-13　引用Microsoft TreeView Control, version 6.0

代码 11010　添加固定节点

添加固定节点需要使用Nodes集合的Add方法，该方法有6个参数。

● Relative：已存在的Node对象的索引号或键值。

● Relationship：新节点与已存在的节点间的关系。有以下几种情况：tvwFirst（数字0）表示首节点；tvwLast（数字1）表示最后节点；tvwNext（数字2）表示下节点（默认）；tvwPrevious（数字3）表示上节点；tvwChild（数字4）表示子节点（默认）。

● Key：节点名称字符串，用于检索是哪个节点。

● Text：在节点上显示的文本字符串。

● Image：节点上显示的图像，或者在ImageList控件中的图像索引。

● SelectedImage：在节点被选中时显示的图像或者ImageList控件中的图像索引。

下面的代码是添加一个三级节点。

一级节点（父节点）中有2个节点，分别是"华北"和"华东"。

二级节点（子节点）中，华北有3个节点，分别是"北京""河北"和"山东"；华东有4个节点，分别是"上海""江苏""浙江"和"安徽"。

三级节点（子节点）中，江苏有2个节点，分别是"苏州"和"南京"。

```
Sub 代码11010()
Private Sub UserForm_Initialize()
    With TreeView1
```

```
    '设置基本格式
    .LineStyle = tvwRootLines
    .Style = tvwTreelinesPlusMinusText
    .HotTracking = True
End With


'添加节点
With TreeView1.Nodes
    .Clear
    '添加主节点
    .Add Key:="华北地区", Text:="华北"
    .Add Key:="华东地区", Text:="华东"

    '添加"华北地区"下的子节点
    .Add relative:="华北地区", Relationship:=tvwChild, Key:="北京市", Text:="北京"
    .Add relative:="华北地区", Relationship:=tvwChild, Key:="河北省", Text:="河北"
    .Add relative:="华北地区", Relationship:=tvwChild, Key:="山东省", Text:="山东"

    '添加"华东地区"下的子节点
    .Add relative:="华东地区", Relationship:=tvwChild, Key:="上海市", Text:="上海"
    .Add relative:="华东地区", Relationship:=tvwChild, Key:="江苏省", Text:="江苏"
    .Add relative:="华东地区", Relationship:=tvwChild, Key:="浙江省", Text:="浙江"
    .Add relative:="华东地区", Relationship:=tvwChild, Key:="安徽省", Text:="安徽"

    '添加"江苏省"下的子节点
    .Add relative:="江苏省", Relationship:=tvwChild, Key:="苏州市", Text:="苏州"
    .Add relative:="江苏省", Relationship:=tvwChild, Key:="南京市", Text:="南京"
End With
End Sub
```

图11-14和图11-15所示的分别是原始窗体和运行后的窗体效果。

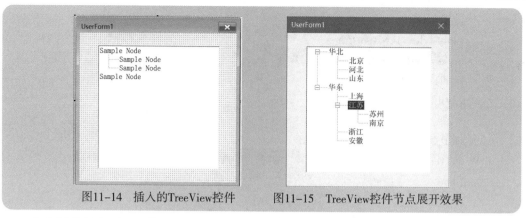

图11-14　插入的TreeView控件　　　　图11-15　TreeView控件节点展开效果

在实际编程中可以对代码进行简写，省略参数名称，并且把Key和Text写成同一个字符串，这样可以提高效率。参考代码如下。

```
Sub 代码11010_1()
Private Sub UserForm_Initialize()
  With TreeView1
    '设置基本格式
    .LineStyle = tvwRootLines
    .Style = tvwTreelinesPlusMinusText
    .HotTracking = True
  End With

  '添加节点
  With TreeView1.Nodes
    .Clear
    '添加主节点
    .Add , , "华北", "华北"
    .Add , , "华东", "华东"

    '添加"华北"地区下的子节点
    .Add "华北", tvwChild, "北京", "北京"
    .Add "华北", tvwChild, "河北", "河北"
    .Add "华北", tvwChild, "山东", "山东"
```

```
      '添加"华东"地区下的子节点
      .Add "华东", tvwChild, "上海", "上海"
      .Add "华东", tvwChild, "江苏", "江苏"
      .Add "华东", tvwChild, "浙江", "浙江"
      .Add "华东", tvwChild, "安徽", "安徽"

      '添加"江苏"下的子节点
      .Add "江苏", tvwChild, "苏州", "苏州"
      .Add "江苏", tvwChild, "南京", "南京"
    End With
  End Sub
```

在程序中，tvwChild还可以使用数字4来代替。

代码 11011 添加带有图像的节点

如果要在节点上显示图像，则需要使用ImageList控件，而要使用ImageList控件，首先必须将该控件添加到控件工具箱，控件名称为Microsoft ImageList Control，version 6.0，如图11-16所示。

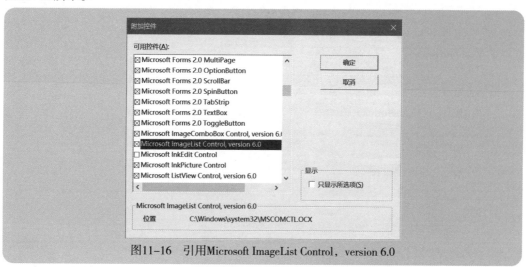

图11-16 引用Microsoft ImageList Control，version 6.0

在窗体的任意位置插入一个ImageList控件，如图11-17所示，然后编写如下代码。运行效果如图11-18所示。

```vba
Sub 代码11011()
Private Sub UserForm_Initialize()
    Dim img As New ImageList
    '设置ImageList1图像
    With img.ListImages
        .Add 1, "图书", LoadPicture(ThisWorkbook.Path & "\图书.jpg")
        .Add 2, "视频", LoadPicture(ThisWorkbook.Path & "\视频.jpg")
        .Add 3, "高效办公", LoadPicture(ThisWorkbook.Path & "\高效办公.jpg")
        .Add 4, "动态图表", LoadPicture(ThisWorkbook.Path & "\动态图表.jpg")
        .Add 5, "Excel VBA", LoadPicture(ThisWorkbook.Path & "\Excel VBA.jpg")
        .Add 6, "函数公式", LoadPicture(ThisWorkbook.Path & "\函数公式.jpg")
        .Add 7, "数据建模", LoadPicture(ThisWorkbook.Path & "\数据建模.jpg")
    End With

    Set TreeView1.ImageList = img     '链接图像
    With TreeView1
        '设置基本格式
        .LineStyle = tvwRootLines
        .Style = tvwTreelinesPlusMinusPictureText
        .HotTracking = True
    End With

    '添加节点
    With TreeView1.Nodes
        .Clear
        '添加主节点
        .Add , , "图书", "图书", 1
        .Add , , "视频", "视频", 2

        '添加"图书"下的子节点
        .Add "图书", tvwChild, "高效办公", "高效办公", 3
        .Add "图书", tvwChild, "动态图表", "动态图表", 4
        .Add "图书", tvwChild, "Excel VBA", "Excel VBA", 5
```

```
'添加"视频"下的子节点
    .Add "视频", tvwChild, "函数公式", "函数公式", 6
    .Add "视频", tvwChild, "数据建模", "数据建模", 7
End With
End Sub
```

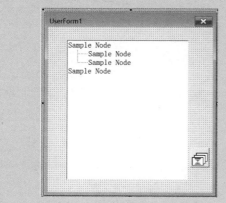

图11-17　插入ImageList控件

图11-18　节点显示图像

代码 11012　添加动态节点

在实际数据处理中，可以根据实际数据情况，添加个数不定的节点，此时可以使用循环的方法来处理。

图11-19所示是一个大类和小类数据，要求制作两级节点，一级节点是大类，二级节点是小类。

	A	B	C	D	E	F
1	大类→	职位	学历	性别	年龄段	工龄段
2	小类→	管理层	博士	男	30岁以下	不满1年
3		中层	硕士	女	31~40岁	1~5年
4		主管	本科		41~50岁	6~10年
5		职员	大专		51岁以上	11~15年
6			高中			16~20年
7			初中			20年以上
8						

图11-19　大类小类数据

参考代码如下。窗体结构和运行效果分别如图11-20和图11-21所示。

```
Sub 代码11012()
Private Sub UserForm_Initialize()
    Dim ws As Worksheet
    Dim i As Long
    Dim j As Long
    Dim n As Long
    Dim x As String
    Dim y As String
    Set ws = ThisWorkbook.Worksheets(1)

    '设置基本属性
    With TreeView1
        .LineStyle = tvwRootLines
        .Style = tvwTreelinesPlusMinusText
    End With

    '添加节点
    With TreeView1.Nodes
        .Clear
        '添加大类主节点
        For i = 2 To 6
            x = ws.Cells(1, i)
            .Add , , x, x
            '添加各个大类下的小类子节点
            n = ws.Cells(10000, i).End(xlUp).Row
            For j = 2 To n
                y = ws.Cells(j, i)
                .Add x, tvwChild, y, y
            Next j
        Next i
    End With
End Sub
```

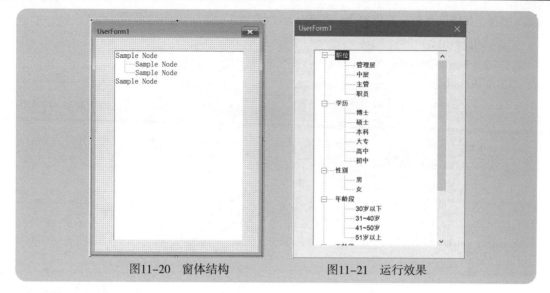

图11-20　窗体结构　　　　　　　图11-21　运行效果

代码 11013　设置 TreeView 格式

为了使TreeView清晰地显示各个节点数据且方便操作，需要对其相关属性进行设置，包括Style属性、LineStyle属性、HotTracking属性、SingleSel属性等。参考代码如下。

```
Sub 代码11013()
    '设置基本属性
    With TreeView1
        .LineStyle = tvwRootLines                '显示节点之间的根线
        .Style = tvwTreelinesPlusMinusText       '显示+/–和文本
        .HotTracking = True                      '指针经过时突出显示
        .SingleSel = True                        '单击某个节点的条目时，其他条目折叠起来
        .Font.Size = 12                          '设置字号
        .Font.Name = "微软雅黑"                  '设置字体
    End With
```

代码 11014　获取节点信息

使用NodeClick事件，当单击某个节点条目时，就可以获取该条目的信息，如该节点的

文本字符、父级节点的文本字符等。参考代码如下。

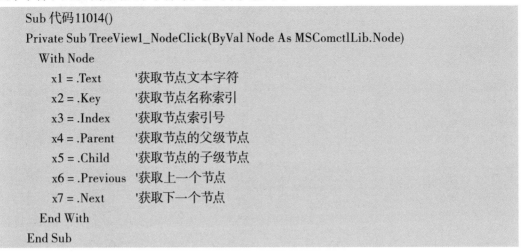

```
Sub 代码11014()
Private Sub TreeView1_NodeClick(ByVal Node As MSComctlLib.Node)
    With Node
        x1 = .Text          '获取节点文本字符
        x2 = .Key           '获取节点名称索引
        x3 = .Index         '获取节点索引号
        x4 = .Parent        '获取节点的父级节点
        x5 = .Child         '获取节点的子级节点
        x6 = .Previous      '获取上一个节点
        x7 = .Next          '获取下一个节点
    End With
End Sub
```

代码 11015　根据选择节点进行数据处理

在实际工作中，我们经常会单击某个节点，从而对该节点的数据进行处理分析，此时，可以使用NodeClick事件来处理。下面是一个联合使用TreeView和ListView查找某个类别员工数据的例子。运行效果如图11-22所示。

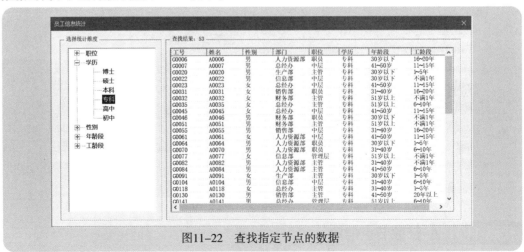

图11-22　查找指定节点的数据

参考代码如下。

```vba
Sub 代码11015()
Private Sub UserForm_Initialize()
    Dim ws As Worksheet
    Dim i As Long
    Dim j As Long
    Dim n As Long
    Dim x As String
    Dim y As String
    Dim arrWidth As Variant

    Set ws = ThisWorkbook.Worksheets("分类")
    '设置基本属性
    With TreeView1
        .LineStyle = tvwRootLines                    '显示节点之间的根线
        .Style = tvwTreelinesPlusMinusText           '显示+/-和文本
        .HotTracking = True                          '指针经过时突出显示
        .SingleSel = True                            '单击某个节点的条目时，其他条目折叠起来
        .Font.Size = 10                              '设置字号
        .Font.Name = "微软雅黑"                       '设置字体
    End With

    '添加节点
    With TreeView1.Nodes
        .Clear
        '添加大类主节点
        For i = 2 To 6
            x = ws.Cells(1, i)
            .Add , , x, x
            '添加各个大类下的小类子节点
            n = ws.Cells(10000, i).End(xlUp).Row
            For j = 2 To n
                y = ws.Cells(j, i)
                .Add x, tvwChild, y, y
            Next j
```

```
        Next i
    End With

    '设置ListView表头
    Set ws = ThisWorkbook.Worksheets("员工信息")
    arrWidth = Array(60, 60, 50, 60, 50, 50, 70, 70)            '指定各列列宽
    With ListView1.ColumnHeaders
        .Clear
        For i = 0 To 7
            .Add , , ws.Cells(1, i + 1), arrWidth(i)
        Next i
    End With
    '设置ListView格式
    With ListView1
        .View = lvwReport
        .Gridlines = True
        .FullRowSelect = True
        .Font.Size = 10
    End With
End Sub

Private Sub TreeView1_NodeClick(ByVal Node As MSComctlLib.Node)
    Dim ws As Worksheet
    Dim xItem As ListItem
    Dim x As String
    Dim i As Long
    Dim n As Long
    Dim p As Long

    Set ws = ThisWorkbook.Worksheets("员工信息")
    n = ws.Range("B100000").End(xlUp).Row

    '判断是否选择了二级节点
    If Node.Parent Is Nothing Then
```

```
        ListView1.ListItems.Clear
        Exit Sub
    End If

    '获取二级节点文本字符
    x = Node.Text

    '获取二级节点项目在工作表的哪列
    p = WorksheetFunction.Match(Node.Parent, ws.Range("1:1"), 0)

    '计算该类别的总人数
    Frame2.Caption = "查找结果：" & WorksheetFunction.CountIf(ws.Columns(p), x)

    '查找数据，显示在ListView中
    With ListView1.ListItems
        .Clear
        For i = 2 To n
            If ws.Cells(i, p) = x Then
                Set xItem = .Add
                With xItem
                    .Text = ws.Range("A" & i)
                    For j = 1 To 7
                        .SubItems(j) = ws.Cells(i, j + 1)
                    Next j
                End With
            End If
        Next i
    End With
End Sub
```

代码 11016　根据工作表设计多级节点 TreeView

图11-23所示的是工作簿的各个门店工作表，现在要设计一个三级节点：门店—类别—
商品。运行效果如图11-24所示。

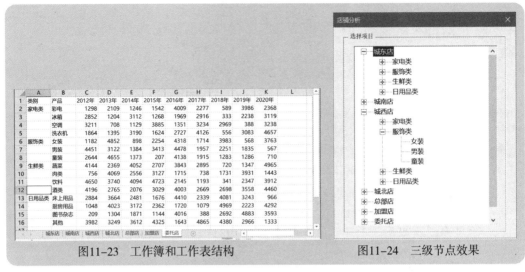

图11-23　工作簿和工作表结构　　　　图11-24　三级节点效果

参考代码如下（仅提供一个解决思路，不是一个精练的代码）。

```
Sub 代码11016()
Private Sub UserForm_Initialize()
    Dim i As Long
    Dim j As Long
    Dim k As Long
    Dim x As String
    Dim y As String


    Dim arrWidth As Variant
    Dim arrCag As Variant
    Dim arrProd1 As Variant
    Dim arrProd2 As Variant
    Dim arrProd3 As Variant
    Dim arrProd4 As Variant
    Dim Z As Variant

    arrCag = Array("家电类", "服饰类", "生鲜类", "日用品类")
    arrProd1 = Array("彩电", "冰箱", "空调", "洗衣机")
    arrProd2 = Array("女装", "男装", "童装")
```

```
arrProd3 = Array("蔬菜", "肉类", "饮料", "酒类")
arrProd4 = Array("床上用品", "厨房用品", "图书杂志", "其他")

'设置基本属性
With TreeView1
    .LineStyle = tvwRootLines
    .Style = tvwTreelinesPlusMinusText
    .HotTracking = True
    .SingleSel = True
    .Font.Size = 10
    .Font.Name = "微软雅黑"
End With

'添加节点
With TreeView1.Nodes
    .Clear

    '添加工作表一级节点
    For i = 1 To ThisWorkbook.Worksheets.Count
        x = ThisWorkbook.Worksheets(i).Name
        .Add , , x, x

        '添加类别二级节点
        For j = 0 To UBound(arrCag)
            y = arrCag(j)
            .Add x, tvwChild, x & y, y

            '添加产品三级节点
            If y = "家电类" Then
                Z = arrProd1
            ElseIf y = "服饰类" Then
                Z = arrProd2
            ElseIf y = "生鲜类" Then
```

```
                    Z = arrProd3
               Else: y = "日用品类"
                    Z = arrProd4
               End If
               For k = 0 To UBound(Z)
                    .Add x & y, tvwChild, x & y & Z(k), Z(k)
               Next k
          Next j
     Next i
   End With
End Sub
```

Chapter

12

VBA基本语法：程序循环与控制

　　前面几章介绍的是Excel VBA各种常见对象的操作方法及参考代码。在程序中，我们会不断引用这些对象，并进行各种计算处理。

　　在对数据进行计算处理时，要使用两个非常重要的程序结构：条件判断结构和循环结构。

　　条件判断结构是在满足某些条件时执行一些语句，而不满足这些条件时则转去执行另外一些语句。

　　循环结构是用于处理重复执行的结构，可以重复执行若干条语句。

12.1 If条件判断控制

if 条件判断是指使用 If...Then 语句对给定的条件进行判断，根据实际情况，它可以有各种不同的灵活用法。

代码 12001 If 语句：条件满足执行一个命令

最简单的判断是根据指定的条件给出一个结果。下面的代码是当计算结果是100时，退出程序。

```
Sub 代码12001()
    '前面有很多的计算语句
    If x = 100 Then Exit Sub
    '下面还有很多的计算语句
End Sub
```

这个语句还可以分行写，但要以End If结束，如下所示。

```
Sub 代码12001_1()
    '前面有很多的计算语句
    If x = 100 Then
        Exit Sub
    End If
    '下面还有很多的计算语句
End Sub
```

代码 12002 If 语句：条件满足执行多个命令

如果条件满足了，要执行多个命令、多条语句，否则就不执行这些命令。此时必须分行写语句。参考代码如下。

```
Sub 代码12002()
    '前面有很多的计算语句
```

```
If x = 100 Then
    a1 = 2
    b1 = 3
    c1 = a1 + a1
    y = Range("A1")
End If
'下面还有很多的计算语句
End Sub
```

代码12003　If 语句：根据条件处理两种情况

使用If语句常用的是根据判断结果处理两种情况：条件成立执行命令1，条件不成立执行命令2，此时要使用If...Then...Else语句。参考代码如下。

```
Sub 代码12003()
    If x = 100 Then
        y = 2
    Else
        y = 20
    End If
End Sub
```

当执行语句仅仅是一个时，还可将其写成一行。参考代码如下。

```
Sub 代码12003_1()
    If x = 100 Then y = 2 Else y = 20
End Sub
```

但是，如果要执行多行语句，就必须分行写。参考代码如下。

```
Sub 代码12003_2()
    If x = 100 Then
        y1 = 2
        y2 = 200

    Else
        y1 = 20
```

```
      y2 = 300
    End If
End Sub
```

代码12004　If 语句：多条件连续判断处理

当处理几个条件连续判断时，需要使用If...Then...ElseIf语句。参考代码如下。

```
Sub 代码12004()
    If x < 0 Then
        y = 2
    ElseIf x < 100 Then
        y = 20
    ElseIf x < 1000 Then
        y = 30
    Else
        y = 50
    End If
End Sub
```

代码12005　If 语句：多个"与"条件的组合判断处理

使用And对多个"与"条件进行组合判断，当几个条件都满足时执行规定的动作。参考代码如下。

```
Sub 代码12005()
    If x > 10 And x < 100 And y = 20 Then
        Range("A1") = 100
    End If
End Sub
```

代码12006　If 语句：多个"或"条件的组合判断处理

使用Or对多个"或"条件进行组合判断，当某个条件满足时就执行规定的动作。参考代码如下。

```
Sub 代码12006()
    If x > 100 Or y > 100 Then
        Range("A1") = 100
    End If
End Sub
```

代码 12007　If 语句：多个"与"条件和"或"条件的组合判断处理

使用And和Or对多个"与"条件和"或"条件进行组合判断是更为复杂的情况。例如，当A1单元格是"产品A"或者"产品B"，并且B1单元格的范围是200~1000时，就将单元格C的数据保存到变量X。参考代码如下，注意括号的使用。

```
Sub 代码12007()
    If (Range("A1") = "产品A" Or Range("A1") = "产品B") _
    And (Range("B1") >= 200 And Range("B1") <= 1000) Then
        X = Range("C1")
    End If
End Sub
```

12.2　Select Case条件判断控制

使用 Select Case 语句对给定的条件进行判断，根据实际情况，可以使用不同的写法。

代码 12008　Select Case 语句：具体值的判断处理

当给定了几种值，每个值分别对应不同的处理结果，则可以使用Select Case语句。参考代码如下。

```
Sub 代码12008()
    X = Range("A1")
```

```
    Select Case X
        Case "华北"
            y = 10
        Case "华东"
            y = 30
        Case "华南"
            y = 40
        Case Else
            y = 100
    End Select
    MsgBox y
End Sub
```

代码12009　Select Case 语句：数值区间的条件值判断

当一个表达式与多个不同的值进行比较时，如果使用多分支的If条件语句会比较麻烦，这时可以使用分情况选择语句Select Case。

下面的代码是使用Select Case语句，根据订货量来确定优惠价格。

```
Sub 代码12009()
    Dim 订货量 As Single
    Dim 优惠价格 As Single
    订货量 = Application.InputBox("请输入订货量:", Type:=1)
    Select Case 订货量
        Case 1 To 499
            优惠价格 = 12
        Case 500 To 999
            优惠价格 = 11
        Case 1000 To 1999
            优惠价格 = 10
        Case 2000 To 4999
            优惠价格 = 9
        Case Else
            优惠价格 = 8
```

```
End Select
    MsgBox "优惠价格为:" & 优惠价格
End Sub
```

代码 12010　Select Case 语句：使用关键字 Is

可以使用关键字Is来构造在Case子句里使用的条件表达式。下面的代码是通过使用带关键字Is的Select Case语句，来根据订货量确定优惠价格。

```
Sub 代码12010()
    Dim 订货量 As Single
    Dim 优惠价格 As Single
    订货量 = Application.InputBox("请输入订货量:", Type:=1)
    Select Case 订货量
        Case Is < 500
            优惠价格 = 12
        Case Is < 1000
            优惠价格 = 11
        Case Is < 2000
            优惠价格 = 10
        Case Is < 5000
            优惠价格 = 9
        Case Else
            优惠价格 = 8
    End Select
    MsgBox "优惠价格为:" & 优惠价格
End Sub
```

代码 12011　Select Case 语句：使用 Like 运算符

在Select Case语句中，使用Like运算符，可以实现模糊匹配。下面的代码是判断输入的字符串是否含有"材料"两个字。

```
Sub 代码12011()
    Dim Str As String
```

```
    Str = "北京华信新材料有限公司"
    Select Case Str Like "*材料*"
        Case True
            MsgBox "该字符串含有 <材料> 两个字"
        Case Else
            MsgBox "该字符串不含有 <材料> 两个字"
    End Select
End Sub
```

12.3 对象判断处理

Excel VBA 的主要操作内容是对象，因此对对象的判断处理是很重要的。例如，判断对象是否存在或不存在；是否空值或非空等。下面介绍几个示例代码。

代码 12012 判断对象是否存在：Is Nothing

通过定义对象变量并尝试赋值具体对象，就可以使用Is Nothing来判断对象是否存在。下面的代码是判断当前工作簿是否存在指定的工作表。

```
Sub 代码12012()
    Dim ws As Worksheet
    Dim wsName As String
    wsName = "利润表"     '指定工作表名
    On Error Resume Next
    Set ws = ThisWorkbook.Worksheets(wsName)
    On Error GoTo 0
    If ws Is Nothing Then
        MsgBox "工作表不存在"
    Else
        MsgBox "工作表存在"
    End If
End Sub
```

代码 12013　判断对象是否存在：Not Is Nothing

也可以使用Not Is Nothing来判断对象是否存在。下面的代码是判断当前工作簿是否存在指定的工作表。

```
Sub 代码12013()
    Dim ws As Worksheet
    Dim wsName As String
    wsName = "利润表"          '指定工作表名
    On Error Resume Next
    Set ws = ThisWorkbook.Worksheets(wsName)
    On Error GoTo 0
    If Not ws Is Nothing Then
        MsgBox "工作表存在"
    Else
        MsgBox "工作表不存在"
    End If
End Sub
```

代码 12014　将对象变量清零：Set Nothing

一般来说，定义并引用对象，在将对象操作完毕后，应该把对象清零以释放内存，这一点可以使用Set Nothing来处理。参考代码如下。

```
Sub 代码12014()
    Dim ws As Worksheet
    Dim i As Long
    Set ws = ThisWorkbook.Worksheets("Sheet2")
    For i = 1 To 100
        ws.Range("A" & i) = i
    Next i
    Set ws = Nothing              '清零对象变量
    If ws Is Nothing Then
        MsgBox "对象变量已不存在"
```

```
    End If
End Sub
```

12.4 For...Next循环处理

按指定次数进行循环是最常见的循环结构之一，它使用 Fo...Next 语法来编写语句，可以是几个循环的嵌套。

代码 12015　基本循环 For...Next

下面的代码是For...Next循环结构的常见形式，根据指定步长进行循环，可以应用递增循环和递减循环。

```
Sub 代码12015()
    Dim i As Long, k As Long
    Dim j As Single
    ActiveSheet.Cells.Clear


    For i = 1 To 10
        Cells(i, 1) = i
    Next i


    For i = 10 To 1 Step –1        '指定步长递减循环
        Cells(i, 2) = i
    Next i


    k = 1
    For j = 10 To 12 Step 0.2      '步长为小数递增循环
        Cells(k, 3) = j
        k = k + 1
    Next j
```

```
    k = 1
    For j = 30 To 28 Step –0.2          '步长为小数递减循环
        Cells(k, 4) = j
        k = k + 1
    Next j
End Sub
```

代码 12016　进行多重循环

下面的代码是利用For...Next语句实现多重循环以制作九九乘法表。

```
Sub 代码12015()
    Dim i As Long, j As Long
    For i = 1 To 9
        For j = i To 9
            Cells(i, j) = i & "*" & j & "=" & i * j
        Next j
    Next i
End Sub
```

代码 12017　在循环过程中退出（Exit For）

在实际中，程序可能要在循环的过程中退出循环。

对于用For...Next的循环结构，要使用Exit For来退出循环。

下面的代码是当程序运行3秒时就退出循环。

```
Sub 代码12017()
    Dim i As Long
    Dim T As Single
    T = Timer + 3
    For i = 1 To 1000000
        If Timer > T Then Exit For
        Range("A1") = i
    Next i
End Sub
```

代码 12018　每隔 *N* 行插入一个空行

如果要每隔*N*行插入一个空行，使用循环的方法是可行的，但要注意从最后一行往回递减循环，还要计算好从底部哪一行开始循环。

下面的代码是在数据区域中，每隔3行插入一个空行。

```
Sub 代码12018()
    Dim i As Long
    Dim n As Long
    Dim ws As Worksheet
    Set ws = Worksheets(1)
    n = ws.Range("A10000").End(xlUp).Row
    For i = Int(n / 3) * 3 + 1 To 1 Step −3
        ws.Rows(i).EntireRow.Insert shift:=xlDown
    Next i
End Sub
```

代码 12019　指定区域隔行填充颜色

如果要对指定单元格区域隔行着色，也可以使用循环方法进行处理，下面是一个参考代码，仅是一个思路练习。

```
Sub 代码12019()
    Dim i As Long
    Dim ws As Worksheet
    Dim Rng As Range
    Dim r1 As Long
    Dim r2 As Long
    Dim c1 As Long
    Dim c2 As Long
    Set ws = ActiveSheet
    Set Rng = ws.Range("C4:J18")
    With Rng
        r1 = .Cells(1).Row
```

```
            r2 = .Cells(.Cells.Count).Row
            c1 = .Cells(1).Column
            c2 = .Cells(.Cells.Count).Column
        End With
        For i = r1 + 1 To r2 Step 2
            ws.Range(ws.Cells(i, c1), ws.Cells(i, c2)).Interior.Color = vbYellow
        Next i
    End Sub
```

代码 12020　**指定列输入连续的编号**

可以使用循环语句，在指定列输入连续编号。下面的代码是在A列的A2单元格开始输入，到100行结束。

```
    Sub 代码12020()
        Dim i As Long
        For i = 2 To 100
            Cells(i, 1) = i – 1
        Next i
    End Sub
```

12.5　Do...Loop循环处理

当不知道要循环的次数时，就需要使用 Do...Loop 循环，并且根据条件判断何时停止循环。

Do...Loop 循环结构有 4 种形式。

代码 12021　**Do...Loop 循环（结构 1：Do While...Loop）**

下面是Do...Loop循环的第1种结构形式Do While...Loop，判断条件应写在前面。

```
    Sub 代码12021()
```

```
    Dim i As Integer, sumt As Integer
    sumt = 0
    i = 1
    Do While i <= 100
        sumt = sumt + i
        If sumt >= 2000 Then Exit Do
        i = i + 1
    Loop
    MsgBox "Do...Loop的形式1计算结束,循环次数为 " & i & "; 累积值为 " & sumt
End Sub
```

代码12022 Do...Loop 循环（结构 2：Do...While Loop）

下面是Do...Loop循环的第2种结构形式Do...While Loop，判断条件应写在后面。

```
Sub 代码12022()
    sumt = 0
    i = 1
    Do
        sumt = sumt + i
        If sumt >= 2000 Then Exit Do
        i = i + 1
    Loop While i <= 100
    MsgBox "Do...Loop的形式2计算结束,循环次数为 " & i & "; 累积值为 " & sumt
End Sub
```

代码12023 Do...Loop 循环（结构 3：Do Until...Loop）

下面是Do...Loop循环的第3种形式Do Until...Loop，判断条件应写在前面。

```
Sub 代码12023()
    sumt = 0
    i = 1
    Do Until i = 100
```

```
        sumt = sumt + i
        If sumt >= 2000 Then Exit Do
        i = i + 1
    Loop
    MsgBox "Do...Loop的形式3 计算结束, 循环次数为 " & i & "; 累积值为 " & sumt
End Sub
```

代码12024　Do...Loop 循环（结构4：Do...Until Loop）

下面是Do...Loop循环的第4种形式Do...Until Loop，判断条件应写在后面。

```
Sub 代码12024()
 sumt = 0
   i = 1
   Do
   sumt = sumt + i
   If sumt >= 2000 Then Exit Do
   i = i + 1
   Loop Until i = 100
   MsgBox "Do...Loop的形式4 计算结束, 循环次数为 " & i & "; 累积值为 " & sumt
End Sub
```

代码12025　在循环过程中退出（Exit Do）

如果使用Do...Loop循环结构，在循环的过程中要退出循环，就需要使用Exit Do来退出循环。上面的4个示例已经使用了Exit Do来退出循环。下面再给出一个例子，即当运算超过5秒就停止。参考代码如下。

```
Sub 代码12025()
    Dim T As Single
    T = Timer + 5
    Do
        Range("A1") = Round(Timer + 5 – T, 2)
        If Timer > T Then Exit Do
```

```
        Loop
    End Sub
```

12.6 对数组进行循环

当要对数组元素进行循环时，可以使用 For...Next 循环，也可以使用 For...Each 循环。

代码 12026　一维数组循环

利用UBound函数和LBound函数分别获取数组的下标和上标，然后使用For...Next循环处理。参考代码如下。

```
Sub 代码12026()
    Dim myArray As Variant
    Dim i As Integer
    '准备数据
    myArray = Array("2020-7-12", "产品1", "客户1", 200, 1500)
    For i = LBound(myArray) To UBound(myArray)
        Cells(2, i + 2) = myArray(i)
    Next i
End Sub
```

实际上，myArray数组的上标是0，下标是元素个数减去1，因此实际中没必要再使用LBound函数。因此常用的语句为

```
For i = 0 To UBound(myArray)
```

代码 12027　多维数组循环

利用UBound函数和LBound函数分别获取数组的各个维度的下标和上标，然后使用For...Next循环处理。下面的代码是将单元格数据保存到二维数组中。

```
Sub 代码12027()
```

```
    Dim i As Integer, j As Integer
    Dim myArray(1 To 10, 1 To 5) As Variant
    '准备数组
    For i = LBound(myArray, 1) To UBound(myArray, 1)
        For j = LBound(myArray, 2) To UBound(myArray, 2)
        myArray(i, j) = Cells(i, j)
        Next j
    Next i
End Sub
```

代码12028 将多维数组转换为一维数组

使用For…Next循环处理数组的每个元素，然后保存到一个新的一维数组中。参考代码如下。

```
Sub 代码12028()
    Dim i As Integer, j As Integer, k As Integer
    Dim n As Integer, m As Integer
    Dim arr As Variant
    n = 10
    m = 5
    ReDim myArray(1 To 10, 1 To 5) As Variant
    ReDim newArray(1 To n * m) As Variant
    '准备数组
    For i = LBound(myArray, 1) To UBound(myArray, 1)
        For j = LBound(myArray, 2) To UBound(myArray, 2)
        myArray(i, j) = Cells(i, j)
        Next j
    Next i
    k = 1
    For Each arr In myArray
        newArray(k) = arr
        Range("Z" & k) = arr
        k = k + 1
```

```
        Next
    End Sub
```

12.7 对象集合循环处理

对 VBA 对象进行循环处理，可以使用 For...Next 语句，也可以使用 For...Each 语句。前者需要知道对象集合里有多少对象，后者不需要统计对象个数。

代码 12029 使用 For...Next 语句循环对象

下面的代码是对指定单元格区域的数据进行判断，当数字是负数时，单元格填充为黄色。这里使用For...Next语句循环，并使用Cells.Count统计单元格个数。

```
Sub 代码12029()
    Dim Rng As Range
    Dim n As Long
    Dim i As Long
    ActiveSheet.Cells.Interior.ColorIndex = xlNone
    Set Rng = ActiveSheet.UsedRange
    With Rng
      n = .Cells.Count
      For i = 1 To n
        If .Cells(i).Value < 0 Then
          .Cells(i).Interior.Color = vbYellow
        End If
      Next i
    End With
End Sub
```

代码 12030 使用 For...Each 语句循环对象

也可以对集合中的所有对象使用For...Each语句进行循环，而不必考虑对象个数。下面的代码是代码 12029 的修改版。

```
Sub 代码12030()
    Dim Rng As Range
    Dim c As Range
    ActiveSheet.Cells.Interior.ColorIndex = xlNone
    Set Rng = ActiveSheet.UsedRange
    For Each c In Rng
        If c.Value < 0 Then
            c.Interior.Color = vbYellow
        End If
    Next
End Sub
```

代码 12031　不同类型对象的嵌套循环

对象有各种各样，对不同类型对象也可以作嵌套循环处理。

例如，下面的代码是循环工作簿的所有工作表的数据区域，如果数字小于 0，就填充为黄色。

```
Sub 代码12031()
    Dim ws As Worksheet
    Dim Rng As Range
    Dim c As Range
    For Each ws In Worksheets
        ws.Cells.Interior.ColorIndex = xlNone
        Set Rng = ws.UsedRange
        For Each c In Rng
            If c.Value < 0 Then
                c.Interior.Color = vbYellow
            End If
        Next
    Next
End Sub
```

12.8　错误判断处理

程序运行不可避免地会出现错误，如何处理出现的错误？是忽略掉，还是要针对处理？这就是错误判断处理。

代码12032　获取错误信息描述（Err.Description）

使用Err.Description可以获取错误信息描述，以便知道错误的原因。参考代码如下。

```
Sub 代码12032()
    On Error GoTo aaa
    x = 1 / 0
aaa:
    MsgBox Err.Description
End Sub
```

代码12033　出现错误时另行处理（On Error GoTo）

程序运行过程中出现错误时，自动转到指定的错误处理语句，此时可以使用On Error GoTo语句。上面的例子就使用了这样的语句。

> **注意**
>
> 使用On Error GoTo语句的后续语句处理问题需要得到格外注意。下面的代码是当重命名工作表时，如果有相同名称工作表存在，就退出程序，否则就继续执行计算任务。

```
Sub 代码12033()
    Dim ws As Worksheet
    Set ws = Worksheets.Add
    On Error GoTo aaa
    ws.Name = "AAA"
    GoTo bbb
aaa:
```

```
    MsgBox "已有相同名称工作表存在"
    Exit Sub
bbb:
    ws.Range("A1") = 100
End Sub
```

代码12034　忽略错误，继续往下运行（On Error Resume Next）

On Error Resume Next语句是忽略所有的错误，使程序继续执行，这样不至于打断程序运行。

例如，删除某个工作表，如果工作表存在，就删除；如果工作表不存在，就会出现错误。参考代码如下。

```
Sub 代码12034()
    Application.DisplayAlerts = False
    On Error Resume Next
    Worksheets("BBB").Delete
    Application.DisplayAlerts = True
End Sub
```

代码12035　恢复侦错（On ErrorGoto 0）

当使用On Error Resume Next语句时，其后面的所有错误都会被忽略，如果某些错误是致命的怎么办？此时，需要在完成忽略任务后，再恢复侦错，也就是使用On Error GoTo 0语句。参考代码如下。

```
Sub 代码12035()
    Application.DisplayAlerts = False
    On Error Resume Next
    Worksheets("BBB").Delete
    On Error GoTo 0
    Application.DisplayAlerts = True
End Sub
```

12.9 无条件跳转（Goto）

在程序运行过程中，有时需要跳转到指定的语句，此时就要使用 Goto 语句。Goto 语句常常和 If 语句或错误值处理语句一起使用。

代码 12036 Goto 语句与 If 语句联合使用

在某些情况下，使用Goto语句可以提高计算速度。例如，下面的例子是将A列里还没有使用的标签提取出来，保存到C列。参考代码如下。运行效果如图12-1所示。

```vba
Sub 代码12036()
    Dim i As Long
    Dim j As Long
    Dim n As Long
    Dim m As Long
    Dim ws As Worksheet
    Set ws = Worksheets("Sheet1")
    With ws
        .Range("C2:C1000").ClearContents
        n = .Range("A10000").End(xlUp).Row
        m = .Range("B10000").End(xlUp).Row
        For i = 2 To n
            For j = 2 To m
                If .Range("B" & j) = .Range("A" & i) Then GoTo AAA
            Next j
            .Range("C10000").End(xlUp).Offset(1) = .Range("A" & i)
AAA:
        Next i
    End With
End Sub
```

	A	B	C
1	标签	已使用	未使用
2	BAR001	BAR005	BAR002
3	BAR002	BAR014	BAR004
4	BAR003	BAR007	BAR006
5	BAR004	BAR001	BAR008
6	BAR005	BAR003	BAR009
7	BAR006	BAR010	BAR011
8	BAR007		BAR012
9	BAR008		BAR013
10	BAR009		
11	BAR010		
12	BAR011		
13	BAR012		
14	BAR013		
15	BAR014		
16			

图12-1 提取未使用标签

这个例子还可以用下面的代码，计算速度更快，因为省去了一个循环。

```
Sub 代码12036_1()
    Dim i As Long
    Dim n As Long
    Dim x As Variant
    Dim ws As Worksheet
    Dim Rng As Range
    Set ws = Worksheets("Sheet1")
    With ws
        .Range("C2:C1000").ClearContents
        n = .Range("A10000").End(xlUp).Row
        For i = 2 To n
            Set Rng = .Range("B:B").Find(.Range("A" & i))
            If Rng Is Nothing Then GoTo AAA
            GoTo BBB
AAA:
            .Range("C10000").End(xlUp).Offset(1) = .Range("A" & i)
BBB:
        Next i
    End With
End Sub
```

代码 12037 Goto 语句与错误处理语句联合使用

下面的代码是使用错误处理语句和Goto语句查找数据并处理不同的结论。运行效果如图12-2所示。

```
Sub 代码12037()
    Dim x As Variant
    On Error GoTo AAA
    x = WorksheetFunction.Match("王五", Range("A:A"), 0)
    MsgBox "王五在第 " & x & " 行", vbInformation
    GoTo BBB
AAA:
    MsgBox "没有找到王五", vbCritical
BBB:
End Sub
```

图12-2　没有找到数据

12.10 其他数据处理技能

Excel 也提供了几个用来数据判断处理的函数，如 IIf 函数、Choose 函数和 Switch 函数等。下面介绍这几个函数的常见用法。

代码 12038 两个结果取其一：IIf 函数

当需要根据条件判断，从两个结果中取其一时，除了使用If语句外，还可以使用IIf函数。

参考代码如下。

```
Sub 代码12038()
    Dim x As Single
    Dim y As Single
    Dim a As Single
    x = 100
    y = 200
    a = IIf(x > y, 0.5, 0.8)
End Sub
```

代码12039　从多个值中取其一：Choose 函数

当需要根据一个指定的索引，从多个值中取对应索引的值时，可以使用Choose函数。参考代码如下。

```
Sub 代码12039()
    Dim Ind As Integer
    Dim a As Variant
    Ind = 3
    a = Choose(Ind, 10, 20, 50, 120, 30, 40)
    MsgBox "第" & Ind & "个数是 :" & a
End Sub
```

代码12040　根据条件返回列表对应值：Switch 函数

如果给定了一组条件值及其对应值，需要根据指定的条件得到该条件的对应值，可以使用Switch函数。参考代码如下。

```
Sub 代码12040()
    Dim City As String
    Dim Salary As Single
    City = InputBox("请输入城市名称", "输入")
    Salary = Switch( _
            City = "北京", 6000, _
```

```
            City = "上海", 8000, _
            City = "武汉", 4000, _
            City = "深圳", 16000, _
            City = "杭州", 9000, _
            City = "苏州", 7000)
    MsgBox City & "的Salary是 " & Salary
End Sub
```

Chapter

13

VBA基本语法：函数与公式应用

Excel提供了大量可以直接在程序中使用的VBA函数，同时，还可以利用WorksheetFunction来调用工作表函数，使计算更加方便。

13.1 判断数据类型与状态

有几个判断数据类型和数据状态的 VBA 函数，它们的使用方法及案例分别介绍如下。

代码 13001 判断是否为数值：IsNumeric

利用IsNumeric函数可以判断某个数据是否为数值。

下面的代码是判断指定数据区域中，哪些是数字，哪些不是数字，把不是数字的单元格用颜色标识出来。

```
Sub 代码13001()
    Dim Rng As Range
    Dim c As Range
    Set Rng = Worksheets(1).UsedRange
    Rng.Interior.ColorIndex = xlNone
    For Each c In Rng
        If Not IsNumeric(c.Value) Then
            c.Interior.Color = vbYellow
        End If
    Next
End Sub
```

代码 13002 判断是否为日期：IsDate

利用IsDate函数可以判断某个数据是否为日期。

下面的代码是判断指定数据区域的哪些单元格是日期，并用颜色标识出来。

```
Sub 代码13002()
    Dim Rng As Range
    Dim c As Range
    Set Rng = Worksheets(1).UsedRange
```

```
      Rng.Interior.ColorIndex = xlNone
      For Each c In Rng
        If IsDate(c.Value) Then
          c.Interior.Color = vbYellow
        End If
      Next
    End Sub
```

代码 13003　判断是否为数组：IsArray

利用IsArray函数可以判断某个数据是否为数组。

下面的代码是判断指定数据是否为数组，并显示其维数。

```
Sub 代码13003()
    Dim x As Variant
    x = Array("aa", "bb", "cc")          '指定数据
    If IsArray(x) Then
        MsgBox "指定的数据是数组，数组维数 " & LBound(x) & "-" & UBound(x)
    Else
        MsgBox "指定的数据不是数组"
    End If
End Sub
```

代码 13004　判断是否为对象：IsObject

利用IsObject函数可以判断某个数据是否为对象。

下面的代码是判断指定数据是否为对象，同时利用TypeName函数判断对象类型。

```
Sub 代码13004()
    Dim x As Variant
    Set x = Sheets(1)                    '指定数据
    If IsObject(x) Then
        MsgBox "指定的数据是对象，对象类型是 " & TypeName(x)
    Else
```

```
        MsgBox "指定的数据不是对象"
    End If
End Sub
```

代码 13005 **判断变量是否为具体对象**

如果某变量被定义为对象变量，那么就可以根据其值是否为Nothing来判断变量中是否保存有对象。下面的代码是随机生成一个整数，判断该整数代表的工作表是否存在，也就是制定的变量是否保存有工作表对象。

```
Sub 代码13005()
    Dim myObject As Object
    On Error Resume Next
    Set myObject = Worksheets(Int(Rnd * 5))      '模拟数据
    On Error GoTo 0
    If myObject Is Nothing Then
        MsgBox "在变量myObject中没有保存对象"
    Else
        MsgBox "在变量myObject中保存有对象，" _
            & vbcelf & "对象名称为:" & myObject.Name _
            & vbCrLf & "对象类型为:" & TypeName(myObject)
    End If
End Sub
```

代码 13006 **判断字母的大小写**

对字母的大小写进行判断，是利用StrConv函数将字母进行大小写转换后，再与原始字母进行比较。参考代码如下。

```
Sub 代码13006()
    Dim x As String
    x = "a"
    If StrConv(x, vbWide) = StrConv(x, vbWide + vbUpperCase) Then
        MsgBox x & " 为大写"
```

```
    Else
        MsgBox x & " 为小写"
    End If
End Sub
```

代码 13007　判断字符的全角和半角

判断字符是全角还是半角的方法是利用StrConv函数将字符进行全角转换后再与原始字符进行比较。参考代码如下。

```
Sub 代码13007()
    Dim x As String
    x = "A"
    If StrConv(x, vbWide) = x Then
        MsgBox x & " 为全角"
    Else
        MsgBox x & " 为半角"
    End If
End Sub
```

代码 13008　判断变量是否已经赋值：IsEmpty

可以使用IsEmpty函数来判断变量是否已经赋值，如果函数返回值为True，表示是空的，还没有赋值。参考代码如下。

```
Sub 代码13008()
    Dim x As Variant
'   x = 100
    If IsEmpty(x) Then
        MsgBox "还没有赋值"
    Else
        MsgBox "已经赋值了，值为:" & x
    End If
End Sub
```

代码 13009　判断是否为空值：IsNull

可以使用IsNull函数判断数据是否为空值。参考代码如下。

```
Sub 代码13009()
    Dim x As Variant
    x = Null
    If IsNull(x) Then
        MsgBox "指定变量的值是null"
    Else
        MsgBox "指定变量的值不是null"
    End If
End Sub
```

注意

null不等于空单元格，也不等于公式"="""的结果。

代码 13010　判断可选参数是否被赋值：IsMissing

在设计过程或自定义函数时，可能会设置可选参数，这样的可选参数如果没给定具体的值，就是默认的值，此时就要使用IsMissing函数进行判断。下面的代码是自定义函数，如果不输入第3个参数c，就默认是1000。

```
代码13010()
Function 测试(a As Single, b As Single, Optional c) As Single
    If IsMissing(c) Then
        c = 1000
    End If
    测试 = a + b + c
End Function
```

这个代码也可以写为如下的形式，即在函数的参数列表中指定默认值。

```
代码13010_1()
Function 测试(a As Single, b As Single, Optional c = 1000) As Single
    测试 = a + b + c
End Function
```

代码 13011　判断变量的数据类型：VarType

VarType函数用于获取变量的数据类型，函数的结果是一个数字。例如，2表示整型、3

表示长整型、4表示单精度等。下面是一个示例代码，运行结果是2。

```
Sub 代码13011()
    Dim x As Integer
    MsgBox VarType(x)
End Sub
```

代码 13012　获取变量的数据类型名称：TypeName

TypeName函数可以获取变量的具体数据类型名称。参考代码如下。运行结果是Integer（整形）。

```
Sub 代码13012()
    Dim x As Integer
    MsgBox TypeName(x)
End Sub
```

13.2　处理文本字符串

在处理文本字符串时，有很多函数可以使用，如 Len、Left、Right、InStr、InStrRev 等，这些函数名字有些与 Excel 工作表函数相同。

代码 13013　计算字符长度：Len

Len函数用于计算字符长度，其相当于工作表函数LEN。

下面的代码是从A数据编码中，把长度为4位的编码提取出来，并保存到C列。运行效果如图13-1所示。

```
Sub 代码13013()
    Dim i As Integer
    Dim n As Integer
    n = Range("A10000").End(xlUp).Row
    Range("C2:C10000").ClearContents
```

```
    For i = 2 To n
        If Len(Range("A" & i)) = 4 Then
            Range("C10000").End(xlUp).Offset(1) = Range("A" & i)
        End If
    Next
End Sub
```

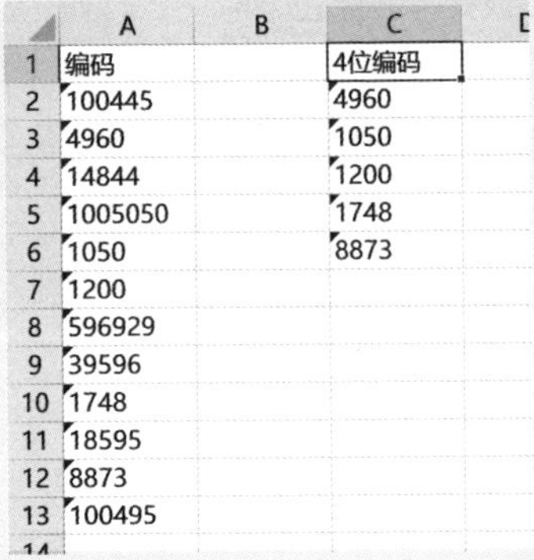

	A	B	C
1	编码		4位编码
2	100445		4960
3	4960		1050
4	14844		1200
5	1005050		1748
6	1050		8873
7	1200		
8	596929		
9	39596		
10	1748		
11	18595		
12	8873		
13	100495		

图13-1　运行效果

代码 13014　从文本字符串左侧截取字符：Left

Left函数用于从文本字符串左侧截取指定个数的字符，其相当于工作表函数LEFT。

下面的代码是从地址中，把左侧的6位邮政编码取出来保存到B列。邮政编码是数字，要按照文本保存到单元格，因此需要在取出的数字前面添加一个单引号。运行效果如图13-2所示。

```
Sub 代码13014()
    Dim i As Integer
    Dim n As Integer
    n = Range("A10000").End(xlUp).Row
    Range("B2:B10000").ClearContents
    For i = 2 To n
        Range("B" & i) = "'" & Left(Range("A" & i), 6)
    Next
End Sub
```

	A	B
1	地址	邮编
2	100083北京市海淀区学院路	100083
3	100711北京市东城区东四	100711
4	055100河北省石家庄市	055100
5	210012上海市	210012
6		

图13-2　Left函数截取左侧6位编码数字

代码 13015　从文本字符串右侧截取字符：Right

Right函数用于从文本字符串右侧截取指定个数的字符，其相当于工作表函数RIGHT。

下面的代码是从地址中，把右侧的地址取出来保存到C列，右侧地址字符数是计算出来的。运行效果如图13-3所示。

```
Sub 代码13015()
    Dim i As Integer
    Dim n As Integer
    Dim x As String
    n = Range("A10000").End(xlUp).Row
    Range("B2:C10000").ClearContents
    For i = 2 To n
        x = Range("A" & i)
        Range("B" & i) = "'" & Left(x, 6)
        Range("C" & i) = Right(x, Len(x) – 6)
    Next
End Sub
```

	A	B	C
1	地址	邮编	地址
2	100083北京市海淀区学院路	100083	北京市海淀区学院路
3	100711北京市东城区东四	100711	北京市东城区东四
4	055100河北省石家庄市	055100	河北省石家庄市
5	210012上海市	210012	上海市
6			

图13-3　Right函数截取右侧地址

代码 13016　从文本字符串的指定位置截取字符：Mid

Mid函数用于从文本字符串的指定位置截取指定个数的字符，其相当于工作表函数MID。

例如，从代码13015中提取地址，然后使用下面的代码，这里Mid函数的第3个参数是一个足够大的数字，就是为了将右侧的全部字符取出来。

```
Sub 代码13016()
    Dim i As Integer
    Dim n As Integer
    Dim x As String
    n = Range("A10000").End(xlUp).Row
    Range("B2:C10000").ClearContents
    For i = 2 To n
        x = Range("A" & i)
        Range("B" & i) = "'" & Left(x, 6)
        Range("C" & i) = Mid(x, 7, 100)
    Next
End Sub
```

代码 13017　从左往右搜索指定字符的首次出现位置：InStr

InStr函数用于从左往右搜索指定字符的首次出现位置，可以用于计算字符。

下面的代码是一个简单示例，请注意第2个"年"查找的方法。

```
Sub 代码13017()
    Dim x As String
    x = "2018年—2020年分析报告"
    MsgBox "第1个<年>出现的位置:" & InStr(1, x, "年") _
        & vbCrLf & "第2个<年>出现的位置:" & InStr(InStr(1, x, "年") + 1, x, "年")
End Sub
```

代码 13018　从右往左搜索指定字符的首次出现位置：InStrRev

InStrRev函数用于从右往左搜索指定字符的首次出现位置。下面的示例代码结果是12。

```
Sub 代码13018()
    Dim x As String
    x = "2018—2020年分析报告"
    MsgBox "<分析>出现的位置:" & InStrRev(x, "分析")
End Sub
```

代码 13019　比较两个字符串：StrComp

StrComp用于比较两个字符，结果是0表示相等、结果是–1表示第1个字符小于第2个字符、结果是1表示第1个字符大于第2个字符。下面的示例代码结果是0。

```
Sub 代码13019()
    Dim x As String
    Dim y As String
    x = "ABC"
    y = "abc"
    MsgBox "x和y比较结果是:" & StrComp(x, y, vbTextCompare)
End Sub
```

代码 13020　替换字符：Replace

如果要把字符串里的指定字符替换为新字符，则可以使用Replace函数。
下面的代码是把字符串"北京分公司2019年预算"中的2019替换为2020。

```
Sub 代码13020()
    Dim strOld  As String
    Dim strNew  As String
    strOld = "北京分公司2019年预算"
    strNew = Replace(strOld, "2019", "2020")
    MsgBox "旧字符是:" & strOld & vbCrLf & "新字符是:" & strNew
End Sub
```

代码 13021　重复字符：String

如果要把指定的字符重复N个，则可以使用String函数。下面的代码是将字母A重复5个，得到新字符串AAAAA。

```
Sub 代码13021()
    MsgBox "字母A重复5个的结果是:" & String(5, "A")
End Sub
```

代码 13022　字母全部转换为小写：LCase

不论字符里是大写字母，还是小写字母。若要将它们全部转换为小写，就使用LCace函数。下面是示例代码，运行结果是"abcde20"。

```
Sub 代码13022()
    MsgBox "字符串<AbcDe20>全部转换为小写的结果是:" & LCase("AbcDe20")
End Sub
```

代码 13023　字母全部转换为大写：UCase

不论字符里是大写字母，还是小写字母。若要将它们全部转换为大写，就使用UCace函数。下面是示例代码，运行结果是"ABCDE20"。

```
Sub 代码13023()
    MsgBox "字符串<AbcDe20>全部转换为大写的结果是:" & UCase("AbcDe20")
End Sub
```

代码 13024　字母全部转换为小写：StrConv

有一个非常强大的函数StrConv，可以对数据进行指定格式的转换，转换结果取决于函数第2个参数的设置。

下面的代码是将字母全部转换为小写，其结果与LCase函数的结果相同。

```
Sub 代码13024()
    MsgBox "字符串<AbcDe20>全部转换为小写的结果是:" & StrConv("AbcDe20", vbLowerCase)
End Sub
```

代码 13025　字母全部转换为大写：StrConv

下面的代码是利用StrConv函数将字母全部转换为大写，其结果与UCase函数相同。

```
Sub 代码13025()
    MsgBox "字符串<AbcDe20>全部转换为大写的结果是:" & StrConv("AbcDe20", vbUpperCase)
End Sub
```

代码 13026　全角转换为半角：StrConv

下面的代码是利用StrConv函数将全角字符"ａｂ１００"全部转换为半角字符"ab100"。

```
Sub 代码13026()
    MsgBox "全角字符<ａｂ１００>转换为半角的结果是:" & StrConv("ａｂ１００", vbNarrow)
End Sub
```

代码 13027　半角转换为全角：StrConv

下面的代码是利用StrConv函数将半角字符"ab100"转换为全角字符"ａｂ１００"。

```
Sub 代码13027()
    MsgBox "半角字符<ab100>转换为全角的结果是:" & StrConv("ab100", vbWide)
End Sub
```

代码 13028　半角字母转换为全角大写字母：StrConv

下面的代码是利用StrConv函数将半角字母"ab100"转换为全角大写字母"ＡＢ１００"。

```
Sub 代码13028()
    MsgBox "字符<ab100>转换为全角大写的结果是:" & StrConv("ab100", vbWide + vbUpperCase)
End Sub
```

代码 13029　全角大写字母转换为半角小写字母：StrConv

下面的代码是利用StrConv函数将全角大写字母"ＡＢ１００"转换为半角小写字母"ab100"。

```
Sub 代码13029()
    MsgBox "字符<ＡＢ１００>转换为半角小写的结果是:" & StrConv("ＡＢ１００", vbNarrow + vbLowerCase)
End Sub
```

代码13030 全角小写字母转换为半角大写字母：StrConv

下面的代码是利用StrConv函数将全角小写字母"ａｂ１００"转换为半角大写字母"AB100"。

```
Sub 代码13030()
    MsgBox "字符<ａｂ１００>转换为半角大写的结果是:" & StrConv("ａｂ１００", vbNarrow + vbUpperCase)
End Sub
```

代码13031 转换数字格式：FormatNumber

FormatNumber函数用于将数字按照指定的格式转换显示。

下面的代码是将数字显示千分位符，保留两位小数，负数用括号括起来，数字–258592的转换结果为(258,592.00)。

```
Sub 代码13031()
    MsgBox "数字<-258592>转换为千分位的结果是:" & FormatNumber(-258592, 2, vbTrue, vbTrue)
End Sub
```

代码13032 转换货币格式：FormatCurrency

FormatCurrency函数用于将数字转换为货币格式。

下面的代码是将数字–258592转换为(￥258,592.00)。

```
Sub 代码13032()
    MsgBox "数字<-258592>转换为货币格式的结果是:" & FormatCurrency(-258592, 2, vbTrue, vbTrue)
End Sub
```

代码13033　转换百分比格式：FormatPercent

FormatPercent函数用于将数字转换为百分比格式。

下面的代码是将数字–0.38588转换为(38.59%)。

```
Sub 代码13033()
    MsgBox "数字<-0.38588>转换为百分比的结果是:" & FormatPercent(-0.38588, 2, vb-
True, vbTrue)
End Sub
```

代码13034　转换日期时间格式：FormatDateTime

FormatDateTime函数用于将日期时间按照指定的格式进行转换显示。

下面的代码是将日期"2020–7–7 15:18:33"转换为"2020年7月7日"。

```
Sub 代码13034()
    MsgBox "日期<2020-7-7 15:18:33>转换为指定格式的结果是:" _
        & FormatDateTime("2020-7-7 15:18:33", vbLongDate)
End Sub
```

代码13035　将数字转换为指定格式字符：Format

Format函数的功能更加强大，可以把数字、日期和时间按照任意自定义格式进行
转换。

下面的示例代码给出了不同数字、不同格式的转换结果。

```
Sub 代码13035()
    Dim x As Single
    x = -2948548.378
    MsgBox "数字" & x & "的转换结果是:" & Format(x, "#,##0.00") _
        & vbCrLf & "数字" & x & "的转换结果是:" & Format(x, "#,##0,") _
        & vbCrLf & "数字" & x & "的转换结果是:" & Format(-x, "$#,##0,千元") _
        & vbCrLf & "数字" & x & "的转换结果是:" & Format(x, "0,,百万元")
End Sub
```

代码 13036　将日期时间转换为指定格式字符：Format

下面的代码是使用Format函数对日期和时间的格式进行转换。

```
Sub 代码13036()
    Dim x As Date
    x = "2020-7-7 15:43:18"
    MsgBox vbCrLf & "日期时间" & x & "的转换结果是:" & Format(x, "yyyy-m-d") _
        & vbCrLf & "日期时间" & x & "的转换结果是:" & Format(x, "yyyy年m月d日") _
        & vbCrLf & "日期时间" & x & "的转换结果是:" & Format(x, "yyyy年m月d日 aaaa") _
        & vbCrLf & "日期时间" & x & "的转换结果是:" & Format(x, "yyyy-m-d dddd") _
        & vbCrLf & "日期时间" & x & "的转换结果是:" & Format(x, "m.d") _
        & vbCrLf & "日期时间" & x & "的转换结果是:" & Format(x, "yyyy-m-d dddd") _
        & vbCrLf & "日期时间" & x & "的转换结果是:" & Format(x, "d/mmm/yyyy") _
        & vbCrLf & "日期时间" & x & "的转换结果是:" & Format(x, "yyyy年m月d日 h:m:s AM/PM")
End Sub
```

代码 13037　字符串转换为数字：Val

Val函数用于将文本字符串转换为数字，如果字符串是数字，仍旧是数字；如果字符串是文本，就被转换为0。

下面的代码中两个字符的转换结果分别是23000和0。

```
Sub 代码13037()
    Dim x As String
    Dim y As String
    x = "23000"
    y = "A2000BC"
    MsgBox x & " 的转换结果为:" & Val(x) _
        & vbCrLf & y & " 的转换结果为:" & Val(y)
End Sub
```

代码 13038　数字转换为字符串：Str

使用Str函数将纯数字转换为文本型数字。参考代码如下。

```
Sub 代码13038()
    Dim x As Double
    x = 2010030.582
    MsgBox x & " 的转换结果为:" & Str(x)
End Sub
```

代码13039　获取字符串首字母的 ASCII 码：Asc

Asc函数用于获取一个字母的ASCII码。例如，字母A的ASCII码是65。参考代码如下。

```
Sub 代码13039()
    Dim x As String
    x = "A"
    MsgBox x & " 的ASCII码为:" & Asc(x)
End Sub
```

代码13040　获取数字对应的 ASCII 字符：Chr

Chr函数是获取一个数字表示的ASCII字符，例如，数字65对应的ASCII字符是A。参考代码如下。

```
Sub 代码13040()
    Dim x As Long
    x = 65
    MsgBox x & " 的ASCII字符为:" & Chr(x)
End Sub
```

代码13041　获取换行符

换行符可以使用Chr(10)、Chr(13)或常量VbCrlf来获取。下面的代码是这3种方法使用的效果。

```
Sub 代码13041()
    MsgBox "1---第1行换行符练习:" _
        & Chr(10) & "2---这是第2行字符" _
        & Chr(13) & "3---这是第3行字符" _
```

& vbCrLf & "4---这是第4行字符"
End Sub

代码 13042 输入空格：Space

如果要输入指定个数的空格，可以使用Space函数。参考代码如下。

```
Sub 代码13042()
    Dim x As String
    x = "北京分公司2020年预算草稿"
    '在"北京分公司"后面插入2个空格，在"预算"后面也插入2个空格
    x = Left(x, 5) & Space(2) & Mid(x, 6, 7) & Space(2) & Right(x, 2)
    MsgBox "处理结果为:" & vbCrLf & vbCrLf & x
End Sub
```

代码 13043 清除字符前后的所有空格：Trim

如果要清除字符前后的所有空格，可以使用Trim函数。参考代码如下。

```
Sub 代码13043()
    Dim x As String
    x = "   北京分公司  2020年  预算草稿    "
    x = Trim(x)
    MsgBox "处理结果为:" & vbCrLf & vbCrLf & x
End Sub
```

代码 13044 清除字符前的所有空格：LTrim

如果只清除字符前面的所有空格可以使用LTrim函数。参考代码如下。

```
Sub 代码13044()
    Dim x As String
    x = "   北京分公司  2020年  预算草稿    "
    x = LTrim(x)
    MsgBox "处理结果为:" & vbCrLf & vbCrLf & x
End Sub
```

代码13045 清除字符后的所有空格：RTrim

如果只清除字符后面的所有空格，可以使用RTrim函数。参考代码如下。

```
Sub 代码13045()
    Dim x As String
    x = "  北京分公司  2020年  预算草稿    "
    x = RTrim(x)
    MsgBox "处理结果为:" & vbCrLf & vbCrLf & x
End Sub
```

代码13046 倒序字符串：StrReverse

使用StrReverse函数可将字符串左右倒序。下面的代码是将字符"123AB苏州"转换为"州苏BA321"。

```
Sub 代码13046()
    Dim x As String
    x = "123AB苏州"
    MsgBox "<" & x & ">的倒序结果是:" & StrReverse(x)
End Sub
```

代码13047 连接字符串：Join

Join函数用于将一维数组的各个元素，用指定的分隔符号连接成一个新字符串。参考代码如下。

```
Sub 代码13047()
    Dim x As Variant
    Dim xNew1 As String
    Dim xNew2 As String
    x = Array("123", "ABC", "苏州", "99000")
    xNew1 = Join(x)              '用空格分隔
    xNew2 = Join(x, "/")         '用斜杠分隔
    MsgBox "数组元素连接结果是:" & vbCrLf _
```

```
& vbCrLf & "空格分隔:" & xNew1 _
& vbCrLf & "斜杠分隔:" & xNew2
End Sub
```

13.3 处理日期和时间

在 VBA 中，处理日期和时间的函数也很多，下面介绍常用的日期和时间函数。

代码 13048   获取当前日期：Date

使用Date函数可以获取计算机的当前日期，参考代码如下。这个函数相当于Excel工作表函数TODAY。

```
Sub 代码13048()
    Range("A1") = Date
    MsgBox "当前日期是:" & Date
End Sub
```

代码 13049   获取当前日期和时间：Now

使用Now函数可以获取计算机的当前日期和时间，参考代码如下。这个函数相当于Excel工作表函数NOW。

```
Sub 代码13049()
    Range("A1") = Now
    MsgBox "当前日期时间是:" & Now
End Sub
```

代码 13050   获取日期的年、月和日数字：Year、Month 和 Day

如果要获取指定日期的年、月和日数字，可以分别使用Year函数、Month函数和Day函数。参考代码如下。

```
Sub 代码13050()
    Dim x As Date
    x = Now
    MsgBox "当前日期时间年、月和日数字分别如下:" _
        & vbCrLf & "年数字:" & Year(x) _
        & vbCrLf & "月数字:" & Month(x) _
        & vbCrLf & "日数字:" & Day(x)
End Sub
```

代码 13051　获取日期的月份名称：MonthName

MonthName函数用于获取日期的月份名称。下面的代码是获取不同的月份名称表示，请注意函数第2个参数的设置不同会得到不同的名称表示。

```
Sub 代码13051()
    Dim x As Date
    x = Now
    MsgBox "当前日期的月份名称为:" _
        & vbCrLf & "数字月(中文版本):" & MonthName(Month(x), True) _
        & vbCrLf & "汉字月(中文版本):" & MonthName(Month(x), False)
End Sub
```

代码 13052　获取日期的月份名称：Format

使用Format函数获取月份名称更简单。参考代码如下。

```
Sub 代码13052()
    Dim x As Date
    x = Now
    MsgBox "当前日期的月份名称为:" & vbCrLf _
        & vbCrLf & "中文月份名称:" & Format(x, "m月") _
        & vbCrLf & "英文月份名称(简称):" & Format(x, "mmm") _
        & vbCrLf & "英文月份名称(全称):" & Format(x, "mmmm")
End Sub
```

代码 13053 　获取日期的星期数字：Weekday

Weekday函数是用于获取指定日期的星期数字，数字与星期制有关，这由函数的第2个参数确定的。参考代码如下。

```
Sub 代码13053()
    Dim x As Date
    x = Now
    MsgBox "当前日期的星期几数字为:" _
        & vbCrLf & "国际星期制(每周日是第一天):" & Weekday(x) _
        & vbCrLf & "中国星期制(每周一是第一天):" & Weekday(x, vbMonday)
End Sub
```

代码 13054 　获取日期的星期名称：WeekdayName

WeekdayName函数是用于获取指定日期的星期名称。参考代码如下。

```
Sub 代码13054()
    Dim x As Date
    x = Now
    MsgBox "当前日期的星期名称为:" _
        & WeekdayName(Weekday(x, vbMonday), vbMonday)
End Sub
```

代码 13055 　获取日期的星期名称：Format

使用WeekdayName函数获取星期名称不是很方便，使用Format函数则更加简便。参考代码如下。

```
Sub 代码13055()
    Dim x As Date
    x = Now
    MsgBox "当前日期的星期名称为:" & vbCrLf _
        & vbCrLf & "中文星期名称(全称):" & Format(x, "aaaa") _
        & vbCrLf & "中文星期名称(简称):" & Format(x, "aaa") _
```

```
        & vbCrLf & "英文星期名称(全称):" & Format(x, "dddd") _
        & vbCrLf & "英文星期名称(简称):" & Format(x, "ddd")
End Sub
```

代码13056　将文本型日期转换为日期：DateValue

对于文本型日期，如果想要转换为真正的日期，正规的做法是使用DateValue函数。参考代码如下。

```
Sub 代码13057()
    Dim x As String
    Dim y As Date
    x = "2020年7月8日"
    y = DateValue(x)
End Sub
```

代码13057　强制将文本转换为日期：CDate

对文本字符日期，还可以使用CDate函数进行强制转换。参考代码如下。

```
Sub 代码13057()
    Dim x As String
    Dim y As Date
    x = "June 7,2020"
    y = CDate(x)
End Sub
```

代码13058　将代表年、月、日的三个数字组合成日期：DateSerial

如果给了分别代表年、月、日的三个数字，可以使用DateSerial函数将它们组合成真正的日期，这个函数相当于Excel工作表函数DATE。参考代码如下。

```
Sub 代码13058()
    Dim y As Integer
    Dim m As Integer
```

```
    Dim d As Integer
    Dim xDate As Date
    y = 2020
    m = 7
    d = 21
    xDate = DateSerial(y, m, d)
End Sub
```

代码 13059 计算指定期限之后 / 之前的日期：DateAdd

给定一个日期，要计算指定工作日、周、月、季度、年等之后或之前的日期，可以使用 DateAdd函数。这个函数类似于Excel工作表函数EDATE，但它的功能更加强大。下面的代码是这个函数的常见用法。

```
Sub 代码13059()
    Dim StartD As Date
    Dim EndD As Date
    Dim n As Integer

    StartD = DateSerial(2020, 7, 6)        '给定基准日期
    n = 3                                  '给定期限

    ' n 天前的日期
    EndD = DateAdd("d", −n, StartD)
    ' n 天后的日期
    EndD = DateAdd("d", n, StartD)

    ' n 个工作周前的日期
    EndD = DateAdd("w", −n, StartD)

    ' n 个工作周后的日期
    EndD = DateAdd("w", n, StartD)
    ' n 周前的日期
```

```
EndD = DateAdd("ww", -n, StartD)
'n 周后的日期
EndD = DateAdd("ww", n, StartD)

'n 月前的日期
EndD = DateAdd("m", -n, StartD)
'n 月后的日期
EndD = DateAdd("m", n, StartD)

'n 季度前的日期
EndD = DateAdd("q", -n, StartD)
'n 季度后的日期
EndD = DateAdd("q", n, StartD)

'n 年前的日期
EndD = DateAdd("yyyy", -n, StartD)
'n 年后的日期
EndD = DateAdd("yyyy", n, StartD)
End Sub
```

代码 13060　计算两个日期之间的期限：DateDiff

在Excel工作表中有一个隐藏函数Datedif，用来计算两个日期之间的间隔（年数、月数等）。在VBA里，也有计算两个日期之间期限的名称为DateDiff的函数，其功能更加强大。

下面的代码是这个函数的常见用法。

```
Sub 代码13060()
    Dim StartD As Date
    Dim EndD As Date
    Dim n As Long

    '给定两个日期
    StartD = DateSerial(2002, 12, 23)
    EndD = DateSerial(2020, 7, 6)
```

```
    '计算两个日期之间的年数
    n = DateDiff("yyyy", StartD, EndD, vbMonday, vbFirstJan1)

    '计算两个日期之间的季度数
    n = DateDiff("q", StartD, EndD, vbMonday, vbFirstJan1)

    '计算两个日期之间的月数
    n = DateDiff("m", StartD, EndD, vbMonday, vbFirstJan1)

    '计算两个日期之间的天数
    n = DateDiff("d", StartD, EndD, vbMonday, vbFirstJan1)

    '计算两个日期之间的周数
    n = DateDiff("ww", StartD, EndD, vbMonday, vbFirstJan1)

    '计算两个日期之间的工作周数
    n = DateDiff("w", StartD, EndD, vbMonday, vbFirstJan1)

    '计算两个日期之间的小时数
    n = DateDiff("h", StartD, EndD, vbMonday, vbFirstJan1)

    '计算两个日期之间的分钟数
    n = DateDiff("n", StartD, EndD, vbMonday, vbFirstJan1)

    '计算两个日期之间的秒数
    n = DateDiff("s", StartD, EndD, vbMonday, vbFirstJan1)
End Sub
```

代码 13061　获取日期的特定信息：DatePart

　　DatePart函数用来获取指定日期的特定信息。例如，该日期属于哪年、哪个季度、哪个月、哪周等。这个函数类似于DateDiff函数。

下面的代码是DatePart函数的常见用法。

```
Sub 代码13061()
    Dim xDate As Date
    Dim n As Long

    '给定日期
    xDate = DateSerial(2020, 7, 7)

    '计算日期所在年份
    n = DatePart("yyyy", xDate, vbMonday, vbFirstJan1)

    '计算日期所在季度
    n = DatePart("q", xDate, vbMonday, vbFirstJan1)

    '计算日期所在月份
    n = DatePart("m", xDate, vbMonday, vbFirstJan1)

    '计算日期所在天
    n = DatePart("d", xDate, vbMonday, vbFirstJan1)

    '计算日期所在周
    n = DatePart("ww", xDate, vbMonday, vbFirstJan1)

    '计算日期所在工作周
    n = DatePart("w", xDate, vbMonday, vbFirstJan1)
End Sub
```

代码 13062　将文本型时间转换为真正的时间：TimeValue

TimeValue用于将文本型时间转换为真正的时间。参考代码如下。

```
Sub 代码13062()
    Dim x As String
    x = "19时32分48秒"
```

```
MsgBox "这个时间是 " & TimeValue(x)
End Sub
```

代码 13063 将分别代表时、分和秒的三个数整合成时间：TimeSerial

TimeSerial用于将分别代表时、分和秒的三个数整合成时间。参考代码如下。

```
Sub 代码13063()
    Dim h As Integer
    Dim m As Integer
    Dim s As Integer
    h = 16
    m = 8
    s = 52
    MsgBox "这个时间是 " & TimeSerial(h, m, s)
End Sub
```

代码 13064 从时间中提取时、分和秒三个数：Hour、Minute、Second

若要从时间中提取时、分和秒三个数，可以分别使用Hour函数、Minute函数和Second函数。参考代码如下。

```
Sub 代码13064()
    MsgBox "现在是北京时间： " _
        & Hour(Now) & "时， " _
        & Minute(Now) & "分， " _
        & Second(Now) & "秒"
End Sub
```

上面的代码仅是练习Hour函数、Minute函数和Second函数。若要获取这样的字符串信息，最好使用Format函数。参考代码如下。

```
Sub 代码13064_1()
    MsgBox "现在是北京时间:" & Format(Now, "h时,m分,s秒")
End Sub
```

代码 13065　获取自零点以来到现在的总秒数：Timer

Timer函数用于获取自零点以来到现在的总秒数。参考代码如下。

```
Sub 代码13065()
    MsgBox "从凌晨到现在已经过去了: " & Timer & "秒"
End Sub
```

代码 13066　计算程序运行总时间

使用Timer函数作为计数器，可以用来统计程序运行的总时间。下面的代码是通过设计进度条窗体来监控程序运行进度。

```
Sub 代码13066()
    Dim s1 As Long, s2 As Long
    Dim i As Long, j As Long
    With UserForm1
      .Show 0
      .ProgressBar1.Min = 0
      .ProgressBar1.Max = 1000
      .ProgressBar2.Min = 0
      .ProgressBar2.Max = 100
    End With
    s1 = Timer
    For i = 1 To 1000
      UserForm1.ProgressBar1.Value = i
      DoEvents
      For j = 1 To 100
        UserForm1.ProgressBar2.Value = j
        DoEvents
        Cells(i, j) = i
      Next j
    Next i
    s2 = Timer
```

```
        Unload UserForm1
        MsgBox "程序运行时间是：" & s2 – s1 & "秒"
    End Sub
```

13.4 数值计算

数值计算很简单，也有一些函数专门用来处理数值计算问题，如数学计算、四舍五入等。下面介绍几个常见的数值计算函数。

代码 13067 四舍五入：Round

使用Round函数对数字进行四舍五入。参考代码如下。

```
Sub 代码13067()
    Dim x As Single
    x = 2059.5496
    MsgBox "保留2位小数点：" & Round(x, 2) _
        & vbCrLf & "保留1位小数点：" & Round(x, 1) _
        & vbCrLf & "保留0位小数点：" & Round(x, 0)
End Sub
```

代码 13068 数字取整：Int

对数字取整可以使用Int函数，参考代码如下。仔细查看计算结果，Int函数对正数和负数取整的方式是不一样的。

```
Sub 代码13068()
    Dim x1 As Single
    Dim x2 As Single
    x1 = 2059.5496
    x2 = –2059.5496
    MsgBox x1 & "取整的结果是：" & Int(x1) _
```

```
          & vbCrLf & x2 & "取整的结果是： " & Int(x2)
End Sub
```

代码 13069　**数字取整：Fix**

对数字取整也可以使用Fix函数，参考代码如下。仔细查看计算结果，比较Fix函数和Int函数对正数和负数的取整结果。

```
Sub 代码13069()
    Dim x1 As Single
    Dim x2 As Single
    x1 = 2059.5496
    x2 = -2059.5496
    MsgBox x1 & "取整的结果是： " & Fix(x1) _
        & vbCrLf & x2 & "取整的结果是： " & Fix(x2)
End Sub
```

代码 13070　**计算绝对值：Abs**

计算数字的绝对值是使用Abs函数。参考代码如下。

```
Sub 代码13070()
    Dim x1 As Single
    Dim x2 As Single
    x1 = 2059.5496
    x2 = -2059.5496
    MsgBox x1 & "的绝对值结果是： " & Abs(x1) _
        & vbCrLf & x2 & "的绝对值结果是： " & Abs(x2)
End Sub
```

代码 13071　**计算平方根：Sqr**

计算一个数字的平方根可以直接使用Sqr函数。参考代码如下。

```
Sub 代码13071()
```

```
Dim x As Single
x = 2059.5496
MsgBox x & " 的平方根是: " & Sqr(x)
End Sub
```

13.5 处理数组

在处理数组时，有几个常用的函数必须熟练引用，如 Array 函数、UBound 函数和 LBound 函数等。下面简单介绍一下这几个函数。

代码 13072 构建常量数组：Array

构建常量数组要使用Array函数，数组的每个元素可以是不同数据类型的数据。参考代码如下。

```
Sub 代码13072()
    Dim arr As Variant
    arr = Array("北京", "2020–6–25", "产品", 100, 3000)
    MsgBox "数组的第1个数是: " & arr(0) _
        & vbCrLf & "第2个数是: " & arr(1)
End Sub
```

代码 13073 构建单元格区域数组：Array

也可以引用工作表的动态单元格区域作为数组元素，此时可以定义动态数组，并通过循环方式给数组赋值。参考代码如下。

```
Sub 代码13073()
    Dim n As Long
    Dim i As Long
    n = Range("A10000").End(xlUp).Row
    ReDim 客户(1 To n) As String
```

```
    For i = 1 To n
        客户(i) = Range("A" & i + 1)
    Next i
    MsgBox "数组的第2个数据是:" & 客户(2)
End Sub
```

代码 13074　获取数组大小：LBound 和 UBound

获取数组的上下限是使用LBound函数和UBound函数。参考代码如下。

```
Sub 代码13074()
    Dim arr As Variant
    arr = Array("北京", "2020-6-25", "产品", 100, 3000)
    MsgBox "数组的下限是: " & LBound(arr) _
        & vbCrLf & "数组的上限是: " & UBound(arr)
End Sub
```

13.6　输入框函数和信息函数

VBA 提供了非常有用的输入框函数 InputBox 和信息函数 MsgBox，它们可以对数据的输入及信息提示做出更加灵活的设置。

代码 13075　使用数据输入框：InputBox

InputBox函数用于接受用户由键盘输入的数据，也称输入框。启动这个函数，就会打开一个输入框，用户可以在输入框中输入数据。参考代码如下。运行效果如图13-4所示。

```
Sub 代码13075()
    Dim xDate As Date
    xDate = InputBox("请输入要汇总的截止日期:", "输入日期", Date)
End Sub
```

图13-4　输入框界面

程序运行结束信息提示：MsgBox

MsgBox函数是一个信息对话框函数，它可以向用户显示一些有用信息。例如，程序运行结束的提示、不满足要求的警告和询问提示等。

下面的代码是在程序运行结束时，弹出信息提示框。信息框有一个"确定"按钮和一个信息通知图标。运行效果如图13-5所示。

```
Sub 代码13076()
    Dim i As Long
    For i = 1 To 1000
        Cells(i, 1) = i
    Next i
    MsgBox "计算结束", vbOKOnly + vbInformation, "统计"
End Sub
```

图13-5　程序结束信息提示

程序运行警告信息提示：MsgBox

当程序运行条件不满足要求时，弹出警告信息并退出程序，并在信息框上显示禁止图标和一个"确定"按钮。参考代码如下。运行效果如图13-6所示。

```
Sub 代码13077()
    Dim i As Long
    Dim s1 As Date
    Dim s2 As Date
    s1 = Timer
    For i = 1 To 100000000
        If Timer − s1 > 10 Then
            MsgBox "程序运行超时，将退出程序！", vbCritical + vbOKOnly, "警告"
            Exit Sub
        End If
        Cells(i, 1) = i

    Next i
    MsgBox "计算结束", vbOKOnly + vbInformation, "统计"
End Sub
```

图13-6 程序运行警告信息提示

代码13078 程序开始运行前的询问信息提示：MsgBox

在运行程序之前，设计一个询问提示框用来询问是否运行程序，如果不想运行，就退出程序。此时，在信息框上显示询问图标和两个按钮，一个按钮是"是"，一个按钮是"否"。参考代码如下。运行效果如图13-7所示。

```
Sub 代码13078()
    If MsgBox("温馨提醒：本程序运行很耗时，占用很多时间，你是否要运行？", _
        vbYesNo + vbQuestion, "运行") = vbNo Then Exit Sub
    Dim i As Long
```

```
    Dim s1 As Date
    Dim s2 As Date
    s1 = Timer
    For i = 1 To 100000000
        If Timer − s1 > 10 Then
            MsgBox "程序运行超时，将退出程序! ", vbCritical + vbOKOnly, "警告"
            Exit Sub
        End If
        Cells(i, 1) = i


    Next i
    MsgBox "计算结束", vbOKOnly + vbInformation, "统计"
End Sub
```

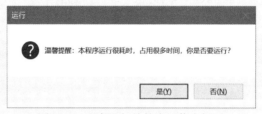

图13–7　程序运行前的询问信息提示

注意

此时的MsgBox函数有返回值，根据返回值判断是否结束程序。

代码 13079　信息框设置默认按钮：MsgBox

可以为信息框设置默认按钮，当按Enter键时，就等于单击了默认按钮。

下面的代码是把第2个按钮"否"设置为默认按钮。运行效果如图13-8所示。

```
Sub 代码13079()
    If MsgBox("温馨提醒: 本程序运行很耗时，占用很多时间，你是否要运行? ", _
    vbYesNo + vbQuestion + vbDefaultButton2, "运行") = vbNo Then Exit Sub
    '其他语句
End Sub
```

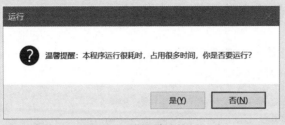

图13-8　设置默认按钮

13.7　使用工作表函数

在 VBA 程序中，不仅可以直接使用 VBA 内置函数，而且还可以通过 Application 对象的 WorksheetFunction 属性来调用 Excel 工作表函数，从而可以充分发挥工作表的强大功能。

代码13080　调用工作表函数的基本方法：WorksheetFunction

在VBA中，必须使用Application对象的WorksheetFunction属性来调用一些工作表函数。

● 注意

并不是所有的工作表函数都可以使用WorksheetFunction属性来调用。

下面的代码就是调用工作表函数的一般方法。

```
Sub 代码13080()
    Dim Rng As Range
    Dim Total As Single
    Set Rng = Range("A1:A10")
    Total = WorksheetFunction.Sum(Rng)
'或者使用:
'   Total = Application.WorksheetFunction.Sum(Rng)
    MsgBox "单元格区域" & Rng.Address(0, 0) & "的合计数是:" & Total
End Sub
```

代码 13081 单条件计数（COUNTIF）

下面的代码是调用COUNTIF函数进行单条件计数的示例（统计指定部门人数）。原始数据及运行效果如图13-9所示。

```
Sub 代码13081()
    Dim Rng As Range
    Dim dept As String
    Dim n As Long
    Set Rng = Range("D:D")
    dept = "财务部"
    n = WorksheetFunction.CountIf(Rng, dept)
    MsgBox dept & " 的人数是:" & n, vbInformation + vbOKOnly
End Sub
```

图13-9　调用工作表函数COUNTIF进行单条件计数

代码 13082 多条件计数（COUNTIFS）

下面的代码是调用COUNTIFS函数进行多条件计数的示例（统计指定部门、指定学历的人数）。原始数据及运行效果如图13-10所示。

```
Sub 代码13082()
    Dim Rng1 As Range
    Dim Rng2 As Range
```

```
    Dim dept As String
    Dim edu As String
    Dim n As Long
    Set Rng1 = Range("D:D")
    Set Rng2 = Range("F:F")
    dept = "财务部"
    edu = "硕士"
    n = WorksheetFunction.CountIfs(Rng1, dept, Rng2, edu)
    MsgBox dept & Space(1) & edu & " 的人数是:" & n, vbInformation + vbOKOnly
End Sub
```

图13-10　调用工作表函数COUNTIFS进行多条件计数

代码13083　无条件求和（SUM）

下面的代码是要求在单元格中输入随机数，然后计算合计数。原始表格和运行效果分别如图13-11和图13-12所示。

```
Sub 代码13083()
    Dim i As Integer
    Dim j As Integer
    Dim Rng As Range
    Range("B2:I11").ClearContents
    For i = 2 To 10
        For j = 2 To 8
            Cells(i, j) = WorksheetFunction.RandBetween(10, 1200)
```

```
            Next j
        Next i
        For j = 2 To 8
            Set Rng = Range(Cells(2, j), Cells(10, j))
            Cells(11, j) = WorksheetFunction.Sum(Rng)
        Next j
        For i = 2 To 11
            Set Rng = Range(Cells(i, 2), Cells(i, 8))
            Cells(i, 9) = WorksheetFunction.Sum(Rng)
        Next i
    End Sub
```

	A	B	C	D	E	F	G	H	I
1	地区	产品1	产品2	产品3	产品4	产品5	产品6	产品7	合计
2	地区1								
3	地区2								
4	地区3								
5	地区4								
6	地区5								
7	地区6								
8	地区7								
9	地区8								
10	地区9								
11	合计								
12									

图13-11　原始表格

	A	B	C	D	E	F	G	H	I
1	地区	产品1	产品2	产品3	产品4	产品5	产品6	产品7	合计
2	地区1	965	283	894	266	672	929	868	4877
3	地区2	119	414	500	688	554	521	1119	3915
4	地区3	634	541	163	1083	896	685	628	4630
5	地区4	1149	1038	14	107	976	648	397	4329
6	地区5	264	955	639	698	89	961	633	4239
7	地区6	410	432	1061	40	125	479	1118	3665
8	地区7	231	699	515	1050	320	583	938	4336
9	地区8	599	434	999	391	33	736	1135	4327
10	地区9	258	141	51	44	341	1017	766	2618
11	合计	4629	4937	4836	4367	4006	6559	7602	36936
12									

图13-12　运行效果

代码13084　单条件求和（SUMIF）

下面的代码是调用SUMIF函数进行单条件求和的示例（统计指定部门工资合计数）。原始数据及运行效果如图13-13所示。

```
Sub 代码13084()
    Dim Rng As Range
    Dim dept As String
    Dim Total As Single
    Set RngCre = Range("D:D")
    Set RngSum = Range("G:G")
    dept = "财务部"
    Total = WorksheetFunction.SumIf(RngCre, dept, RngSum)
    MsgBox dept & " 的工资合计是:" & Total, vbInformation + vbOKOnly
End Sub
```

	A	B	C	D	E	F	G
1	工号	姓名	性别	部门	职位	学历	工资
2	G0001	A0001	男	信息部	主管	初中	13573
3	G0002	A0002	男	信息部	中层	初中	11864
4	G0003	A0003	男	财务部	职员	硕士	6094
5	G0004	A0004	女	销售部	职员	博士	6731
6	G0005	A0005	女	信息部	中层	博士	7924
7	G0006	A0006	男	人力资源部	职员	大专	12917
8	G0007	A0007	男	总经办	中层	大专	12795
9	G0008	A0008	女	信息部	中层	高中	11077
10	G0009	A0009	男	总经办	中层	高中	12069
11	G0010	A0010	男	信息部	中层	高中	13870
12	G0011	A0011	男	生产部	中层	博士	10280
13	G0012	A0012	男	人力资源部	主管	硕士	6683
14	G0013	A0013	男	信息部	中层	硕士	11778
15	G0014	A0014	男	人力资源部	职员	本科	12659
16	G0015	A0015	男	总经办	职员	硕士	8182

Microsoft Excel — 财务部 的工资合计是: 491159 — 确定

图13-13　原始数据及运行效果

代码13085　多条件求和（SUMIFS）

下面的代码是调用SUMIFS函数进行多条件求和的示例(统计指定部门、指定职位的工资合计数)。原始数据及运行效果如图13-14所示。

```
Sub 代码13085()
    Dim Rng1 As Range
    Dim Rng2 As Range
    Dim RngSum As Range
    Dim dept As String
    Dim posi As String
```

```
Dim total As Single
Set RngSum = Range("G:G")
Set Rng1 = Range("D:D")
Set Rng2 = Range("E:E")
dept = "财务部"
posi = "中层"
total = WorksheetFunction.SumIfs(RngSum, Rng1, dept, Rng2, posi)
MsgBox dept & Space(1) & posi & " 的工资合计数:" & total, vbInformation + vbOKOnly
End Sub
```

图13-14　原始数据及运行效果

代码13086　单条件计算平均值（AVERAGEIF）

下面的代码是调用AVERAGEIF函数进行单条件求平均值的示例（统计指定部门的人均工资）。原始数据及运行效果如图13-15所示。

```
Sub 代码13086()
    Dim Rng As Range
    Dim dept As String
    Dim aver As Single
    Set RngCre = Range("D:D")
    Set RngSum = Range("G:G")
    dept = "财务部"
    aver = WorksheetFunction.AverageIf(RngCre, dept, RngSum)
```

```
MsgBox dept & " 人均工资:" & aver, vbInformation + vbOKOnly
End Sub
```

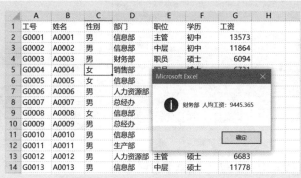

图13-15　原始数据及运行效果

代码13087　多条件计算平均值（AVERAGEIFS）

下面的代码是调用AVERAGEIFS函数进行多条件平均值的示例（统计指定部门、指定职位的人均工资）。原始数据及运行效果如图13-16所示。

```
Sub 代码13087()
    Dim Rng1 As Range
    Dim Rng2 As Range
    Dim RngSum As Range
    Dim dept As String
    Dim posi As String
    Dim Aver As Single
    Set RngSum = Range("G:G")
    Set Rng1 = Range("D:D")
    Set Rng2 = Range("E:E")
    dept = "财务部"
    posi = "中层"
    Aver = WorksheetFunction.AverageIfs(RngSum, Rng1, dept, Rng2, posi)
    MsgBox dept & Space(1) & posi & " 人均工资:" & Aver, vbInformation + vbOKOnly
End Sub
```

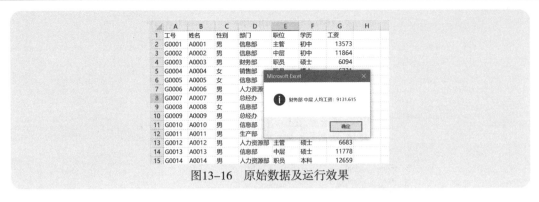

图13-16　原始数据及运行效果

代码13088　查找数据位置（MATCH）

利用工作表函数MATCH查找指定数据的位置（假设这个数据是唯一的），查找速度要比循环快得多。下面的代码是要查找姓名"A0280"在第几行。运行效果如图13-17所示。

```
Sub 代码13088()
    Dim Rng As Range
    Dim xName As String
    Dim n As Long
    Set Rng = Range("B:B")
    xName = "A0280"
    n = WorksheetFunction.Match(xName, Rng, 0)
    Range("B" & n).Select
    MsgBox xName & "在 " & n & " 行", vbInformation + vbOKOnly
End Sub
```

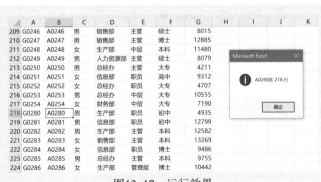

图13-17　运行效果

代码 13089 单条件查找数据（VLOOKUP）

利用工作表函数VLOOKUP查找数据也是很方便的。下面的代码是查找指定员工"A0280"的基本工资。运行效果如图13-18所示。

```
Sub 代码13089()
    Dim Rng As Range
    Dim xName As String
    Dim Salary As Single
    Set Rng = Range("B:G")
    xName = "A0280"
    Salary = WorksheetFunction.VLookup(xName, Rng, 6, 0)
    MsgBox xName & " 的工资是:" & Salary, vbInformation + vbOKOnly
End Sub
```

	A	B	C	D	E	F	G	H	I	J	K
1	工号	姓名	性别	部门	职位	学历	工资				
2	G0001	A0001	男	信息部	主管	初中	13573				
3	G0002	A0002	男	信息部	中层	初中	11864				
4	G0003	A0003	男	财务部	职员	硕士	6094				
5	G0004	A0004	女	销售部	职员	博士	6731				
6	G0005	A0005	女	信息部	中层	博士	7924				
7	G0006	A0006	男	人力资源部	职员	大专	12917				
8	G0007	A0007	男	总经办	中层	大专	12795				
9	G0008	A0008	女	信息部	中层	高中	11077				
10	G0009	A0009	男	总经办	中层	高中	12069				
11	G0010	A0010	男	信息部	中层	高中	13870				
12	G0011	A0011	男	生产部	中层	硕士	10280				
13	G0012	A0012	男	人力资源部	主管	硕士	6683				
14	G0013	A0013	男	信息部	中层	硕士	11778				
15	G0014	A0014	男	人力资源部	职员	本科	12659				
16	G0015	A0015	男	总经办	职员	硕士	8182				

Microsoft Excel

ⓘ A0280 的工资是: 4935

确定

图13-18 运行效果

代码 13090 数据区域转置（TRANSPOSE）

如果要把指定数据区域进行转置，可以使用工作表函数TRANSPOSE。参考代码如下。效果如图13-19所示。

```
Sub 代码13090()
    Dim RngS As Range
    Dim RngD As Range
    Set RngS = Range("A1:D8")
```

```
Set RngD = Range("H1").Resize(RngS.Columns.Count, RngS.Rows.Count)
RngD.ClearContents
RngD.Value = WorksheetFunction.Transpose(RngS)
End Sub
```

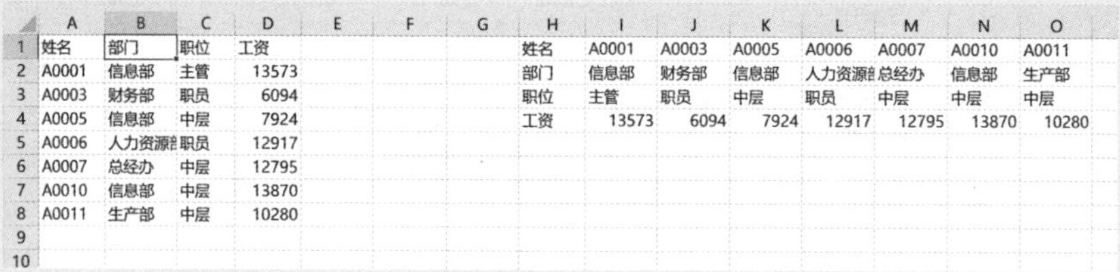

	A	B	C	D	E	F	G	H	I	J	K	L	M	N	O
1	姓名	部门	职位	工资				姓名	A0001	A0003	A0005	A0006	A0007	A0010	A0011
2	A0001	信息部	主管	13573				部门	信息部	财务部	信息部	人力资源部	总经办	信息部	生产部
3	A0003	财务部	职员	6094				职位	主管	职员	中层	职员	中层	中层	中层
4	A0005	信息部	中层	7924				工资	13573	6094	7924	12917	12795	13870	10280
5	A0006	人力资源部	职员	12917											
6	A0007	总经办	中层	12795											
7	A0010	信息部	中层	13870											
8	A0011	生产部	中层	10280											
9															
10															

图13-19　运行效果

13.8 自定义函数

自定义函数是以 Function 开头、End Function 结尾的一段程序代码，根据指定的初始值，返回一个或多个计算结果。

自定义函数可以在 Excel 里像普通函数一样使用，也可以在 VBA 里被别的程序或自定义函数调用。

根据实际需要，可以设计各种各样的自定义函数。

代码 13091 自定义函数设计与使用

下面的代码是设计自定义函数的方法，其中有参数及数据类型定义。

```
Function 最大值(数字1 As Double, 数字2 As Double) As Double
    最大值 = IIf(数字1 >= 数字2, 数字1, 数字2)
End Function
```

下面的代码是计算指定数据区域的平均值。

```
Function 平均值(单元格区域 As Range) As Double
    平均值 = WorksheetFunction.Average(单元格区域)
End Function
```

图13-20和图13-21所示分别是在Excel工作表调用两个自定义函数的对话框情况。

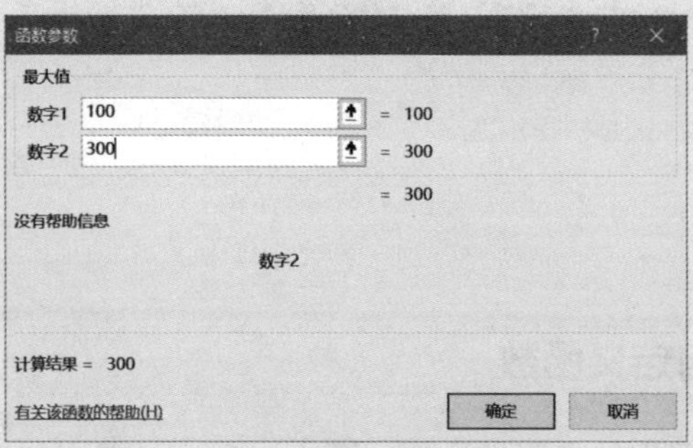

图13-20　自定义函数：最大值 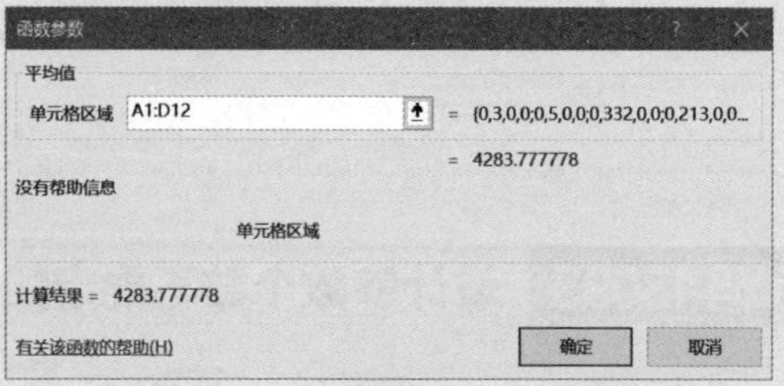　　　　图13-21　自定义函数：平均值

下面的代码是在程序中调用这两个自定义函数。

```
Sub 代码13091()
    Dim x1 As Double
    Dim x2 As Double
    Dim Rng As Range
    x1 = 100
    x2 = 200
    Set Rng = Range("A1:D1000")
    MsgBox "第一个自定义函数，计算最大值，结果为:" & 最大值(x1, x2) _
        & vbCrLf & "第二个自定义函数，计算平均值，结果为:" & 平均值(Rng)
End Sub
```

代码13092　设计参数可选的自定义函数

在参数名称前面加上关键字Optional，用于说明该参数不是必需的。

可选参数在必需的参数之后，并且要列在参数清单的最后，可选参数也可以指定一个默认的值。

下面的代码是在计算平均值时，判断是否包含0值，默认（True或者1）是包括0值。

```
代码13092()
Function 平均值(单元格区域 As Range, Optional 是否含0值) As Double
    If IsMissing(是否含0值) Then
        平均值 = WorksheetFunction.Average(单元格区域)
    ElseIf 是否含0值 = True Or 是否含0值 = 1 Then
        平均值 = WorksheetFunction.Average(单元格区域)
```

```
    Else
        平均值 = WorksheetFunction.SumIf(单元格区域, "<>0") _
            / WorksheetFunction.CountIf(单元格区域, "<>0")
    End If
End Function
```

代码 13093 设计参数个数不确定的自定义函数

使用ParamArray函数可以设计参数个数不确定的自定义函数。

下面的代码是模仿工作表函数SUM设计的参数个数不确定的自定义求和函数。

```
代码13093()
Function sumt(ParamArray arglist() As Variant) As Double
    For Each arg In arglist
        sumt = sumt + arg
    Next
End Function
```

代码 13094 设计返回数组的自定义函数

一般情况下，自定义函数的返回值只有一个。但是，也可以设计返回数组的自定义函数。

下面的代码是利用Array函数，使自定义函数的返回值是一个数组。

不过，由于函数返回数组，因此在工作表中调用这个函数时，需要采用输入数组公式的方法调用函数。

```
代码13094()
Function Qname()
    Qname = Array("一季度", "二季度", "三季度", "四季度")
End Function
```

代码 13095 接受数组的自定义函数

在自定义函数中，除了可以设计成输入确定的单个参数数据外，还可以设计成接受数组参数的自定义函数，即用户输入的是数组数据。

下面的代码是接受数组参数的求和函数。这个数组可以是数组常量，也可以是工作表的单元格区域。

代码13095()

```
Function Sumpa(list As Variant) As Double
    Dim Item As Variant
    Sumpa = 0
    For Each Item In list
        If WorksheetFunction.IsNumber(Item) Then
            Sumpa = Sumpa + Item
        End If
    Next
End Function
```

例如：

Sumpa({1,2,3,4,5}) = 15

代码 13096　为自定义函数添加信息提示

为自定义函数添加信息提示时，需要使用Application对象的MacroOptions方法将函数信息注册到Excel里。

例如，下面的语句就是为自定义函数"最大值"设置信息提示，可以单独编写一个小程序在Workbook的Open事件中运行。

代码13096()

```
Application.MacroOptions Macro:="最大值", Description:="计算两个数字的最大值"
```

在工作表中调用该函数后，可以在该函数的对话框中看到提示文字"计算两个数字的最大值"，如图13-22所示。

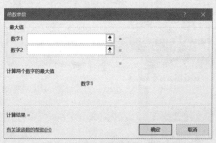

图13-22　自定义函数的信息提示文字

代码 13097　将自定义函数归类

可以根据需要将自定义函数归为一个指定类，即当在工作表中打开"插入函数"对话框时，在"或选择类别"下拉列表框中的指定类别中查找该函数。

下面是一个自定义函数，用于获取指定日期的季度名称。

```
代码13097()
Function 季度(日期 As Date) As String
    Select Case Month(日期)
        Case 1 To 3
            季度 = "一季度"
        Case 4 To 6
            季度 = "二季度"
        Case 7 To 9
            季度 = "三季度"
        Case 10 To 12
            季度 = "四季度"
    End Select
End Function
```

现在将这个函数归为"日期与时间"类别，运行如下程序。

```
Sub 代码13097_1()
Private Sub Workbook_Open()
    Application.MacroOptions Macro:="季度", _
                    Description:="根据日期，获取所在的季度名称", _
                    Category:=2
End Sub
```

当在工作表上插入该自定义函数时，就可以从"插入函数"对话框的"日期与时间"类别中查找该函数，如图13-23所示。

图13-23　自定义函数的归类

代码 13098 自定义函数示例：根据单元格颜色求和

下面的代码是根据单元格颜色求和自定义函数。

```
代码13098()
Function SumColor(求和区域 As Range, 指定颜色 As Range)
    Dim Cel As Range
    For Each Cel In 求和区域
        If Cel.Interior.ColorIndex = 指定颜色.Interior.ColorIndex Then
            SumColor = SumColor + WorksheetFunction.Sum(Cel)
        End If
    Next
End Function
```

图13-24所示是一个使用效果。

图13-24 按单元格颜色求和

代码 13099 自定义函数示例：根据单元格字体求和

下面的代码是根据单元格字体求和自定义函数。

```
代码13099()
Function SumFont(求和区域 As Range, 指定字体 As Range)
    Dim Cel As Range
    For Each Cel In 求和区域
        If Cel.Font.Name = 指定字体.Font.Name _
        And Cel.Font.Size = 指定字体.Font.Size _
```

```
        And Cel.Font.Bold = 指定字体.Font.Bold _
        And Cel.Font.Italic = 指定字体.Font.Italic _
        And Cel.Font.ColorIndex = 指定字体.Font.ColorIndex _
        And Cel.Font.FontStyle = 指定字体.Font.FontStyle _
        And Cel.Font.Underline = 指定字体.Font.Underline _
        And Cel.Font.Strikethrough = 指定字体.Font.Strikethrough Then
            SumFont = SumFont + WorksheetFunction.Sum(Cel)
        End If
    Next
End Function
```

图 13–25 所示是一个使用效果。

图13–25　按单元格字体求和

代码13100　自定义函数示例：从混合数字文本字符中查找数字

下面是一个从混合数字文本字符中查找数字的自定义函数。运行效果如图13–26所示。

```
代码13100()
Public Function FindNumber(Strr As String) As Long
    Dim i As Integer, j As Integer
    Dim myNum As String
    For i = Len(Strr) To 1 Step –1
        If IsNumeric(Mid(Strr, i, 1)) Then
            j = j + 1
            myNum = Mid(Strr, i, 1) & myNum
        End If
```

```
    If j = 1 Then myNum = CInt(Mid(Strr, i, 1))
    Next i
    FindNumber = CLng(myNum)
End Function
```

图13-26 从混合数字文本字符中查找数字

代码 13101 ｜ 自定义函数示例：从混合文本字符中查找字母

下面是一个从混合数字、字母和汉字的文本字符中，查找字母的自定义函数。运行效果如图 13-27 所示。

```
代码13101()
Public Function FindLetter(Strr As String) As String
    Dim i As Integer, j As Integer
    Dim myStr As String
    For i = Len(Strr) To 1 Step –1
        If (Asc(Mid(Strr, i, 1)) >= 65 And Asc(Mid(Strr, i, 1)) <= 90) _
        Or (Asc(Mid(Strr, i, 1)) >= 97 And Asc(Mid(Strr, i, 1)) <= 122) Then
            j = j + 1
            myStr = Mid(Strr, i, 1) & myStr
        End If
        If j = 1 Then myStr = Mid(Strr, i, 1)
    Next i
    FindLetter = myStr
End Function
```

图13-27 从混合文本字符中查找字母

代码 13102 **自定义函数示例：从混合文本字符中查找大写字母**

如果仅仅是查找大写字母，则自定义函数的代码修改如下。运行效果如图13-28所示。

代码13102()

```
Public Function FindCapitalLetter(Strr As String) As String
    Dim i As Integer, j As Integer
    Dim myStr As String
    For i = Len(Strr) To 1 Step –1
        If (Asc(Mid(Strr, i, 1)) >= 65 And Asc(Mid(Strr, i, 1)) <= 90) Then
            j = j + 1
            myStr = Mid(Strr, i, 1) & myStr
        End If
        If j = 1 Then myStr = Mid(Strr, i, 1)
    Next i
    FindCapitalLetter = myStr
End Function
```

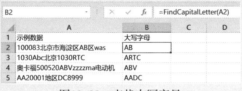

图13-28 查找大写字母

代码 13103 **自定义函数示例：从混合文本字符中查找小写字母**

如果仅仅是查找小写字母，则代码修改如下。运行效果如图13-29所示。

代码13103()

```
Public Function FindLowerCase(Strr As String) As String
    Dim i As Integer, j As Integer
    Dim myStr As String
    For i = Len(Strr) To 1 Step –1
        If (Asc(Mid(Strr, i, 1)) >= 97 And Asc(Mid(Strr, i, 1)) <= 122) Then
            j = j + 1
```

```
    myStr = Mid(Strr, i, 1) & myStr
  End If
  If j = 1 Then myStr = Mid(Strr, i, 1)
Next i
FindLowerCase = myStr
End Function
```

图13-29　查找小写字母

代码13104 自定义函数示例：从混合文本字符中查找汉字（情况1）

下面是一个从混合数字、字母和汉字的文本字符中查找汉字的自定义函数。这里假设除汉字外的其他字符（数字、字母、符号等）全部是半角字符，运行效果如图13-30所示。

```
代码13104()
Public Function FindChinese(Strr As String) As String
  Dim i As Integer, j As Integer
  Dim myStr As String
  For i = Len(Strr) To 1 Step -1
    If StrConv(Mid(Strr, i, 1), vbWide) = Mid(Strr, i, 1) Then
      j = j + 1
      myStr = Mid(Strr, i, 1) & myStr
    End If
  Next i
  FindChinese = myStr
End Function
```

图13-30　查找汉字

代码 13105 自定义函数示例：从混合文本字符中查找汉字（情况2）

如果文本字符中的数字、字母、符号等可能是半角字符，也可能是全角字符，则程序代码的修改如下。运行效果如图13-31所示。

```
代码13105()
Public Function GetChinese(Strr As String) As String
    Dim i As Integer, j As Integer
    Dim myStr As String
    Dim x As String
    For i = Len(Strr) To 1 Step –1
        x = StrConv(Mid(Strr, i, 1), vbNarrow)
        If StrConv(x, vbWide) = x Then
            j = j + 1
            myStr = Mid(Strr, i, 1) & myStr
        End If
    Next i
    GetChinese = myStr
End Function
```

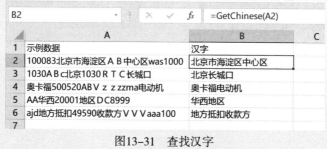

图13-31　查找汉字

代码 13106 自定义函数示例：重复数据查找

虽然VLOOKUP函数无法实现重复数据查找（除非再加其他条件让条件不重复）。但是可以利用VBA设计一个能够查找重复数据的自定义函数。

下面的代码是可以实现满足条件的重复数据查找、多条件查找和多方向查找等。

示例效果如图13-32和图13-33所示。

代码13106()

```
Function 查找数据(查找条件, 条件区域 As Range, 结果区域 As Range, Optional 取第几个)
    If IsMissing(取第几个) Then 取第几个 = 1
    Dim i As Long, n1 As Long, n2 As Long, m As Long, k As Long
    If 条件区域.Cells.Count <> 结果区域.Cells.Count Then
        查找数据 = "#N/A"
        Exit Function
    End If
    m = WorksheetFunction.CountIf(条件区域, 查找条件)
    If m = 0 Then
        查找数据 = "#N/A"
        Exit Function
    End If
    ReDim x(1 To m)
    n1 = 条件区域.Cells(1).Row
    If 条件区域.Rows.Count = 1048576 Then
        n2 = 条件区域.Cells(1048576).End(xlUp).Row
    Else
        n2 = 条件区域.Cells(条件区域.Rows.Count + 1).End(xlUp).Row
    End If
    k = 1
    For i = n1 To n2
        If 条件区域.Cells(i – n1 + 1).Value = 查找条件 Then
            x(k) = 结果区域.Cells(i – n1 + 1).Value
            k = k + 1
        End If
    Next i
    If 取第几个 <= m Then 查找数据 = x(取第几个) Else 查找数据 = "#N/A"
End Function
```

图13-32　取第1个重复数据

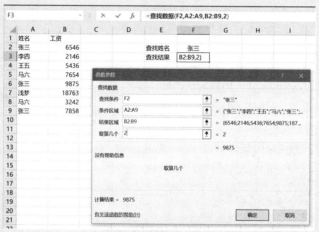

图13-33　取第2个重复数据

Chapter

14

ADO对象：将工作簿作为数据库处理

对于一个标准规范的数据表单，如果数据区域的第一行是标题（字段名称），每列是一个字段，每行是一条业务数据记录，那么这样的表单就可以当作数据库来处理。此时，可以使用ADO建立与工作簿的连接，使用SQL进行查询汇总，即可大大提升数据处理效率。

例如，当需要从员工信息表单中制作指定部门的员工明细表，前面章节介绍的是循环的方法，效率比较低，而使用ADO+SQL就可以快速完成。

在使用ADO之前，要先引用ADO对象库，如图14-1所示，勾选某个Microsoft ActiveX Data Objects 2.x Library复选框，其中x表示版本，这里的x为6。

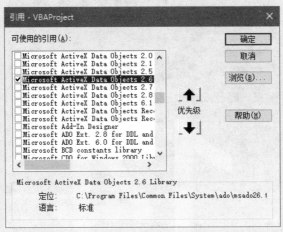

图14-1　引用Microsoft ActiveX Data Objects 2.6 Library

当引用ADO之后，就可以建立与工作簿的连接，将工作簿当成数据库，利用SQL语句进行各种查询。

下面的代码是建立与工作簿连接，这里cnn是定义的ADO连接。

```
Dim cnn As New ADODB.Connection
With cnn
    .Provider = "microsoft.ace.oledb.12.0"
    .ConnectionString = "Extended Properties=Excel 12.0; " _
                & "Data Source=带完整路径的工作簿名称字符串"
    .Open
End With
```

如果将Data Source设置为当前工作簿，就是建立与当前工作簿的连接，查询当前工作簿的指定工作表数据。

如果将Data Source设置为其他工作簿，就是建立与其他工作簿的连接，可以在不打开工作簿的情况下查询数据。

14.1 从一个工作表中查询指定条件的数据

从某个指定工作表中查询数据，需要编写SQL语句，其语法如下。

```
Select 字段列表 from [工作表名$]
      [where条件子句]
      [group by 分组子句]
      [having 分类子句]
      [order by 排序子句]
```

这个语句的重点是设置where条件子句,它可以是单条件、多条件、用and组合的多个“与”条件、用or组合的多个“或”条件，或者是用and和or及括号组合而成的复杂查询条件。

另外，where条件子句里的条件值，依据不同类型的数据有以下不同写法。

（1）数值字段。直接写上即可，例如：

```
where 销售额>10000
```

（2）文本字段。要用单引号（'）括起来，例如：

```
where 部门='财务部'
```

（3）日期字段。用井号（#）括起来，例如：

```
where 签订日期>#2020-1-1#
```

代码 14001 从整个工作表中查询指定条件的数据

在下面的例子中，工作表“员工信息”的第一行就是表单标题，现在要查找指定部门、指定职位、指定工龄段的员工数据，并保存在一个新建的工作簿中。

基础数据如图 14-2 所示。

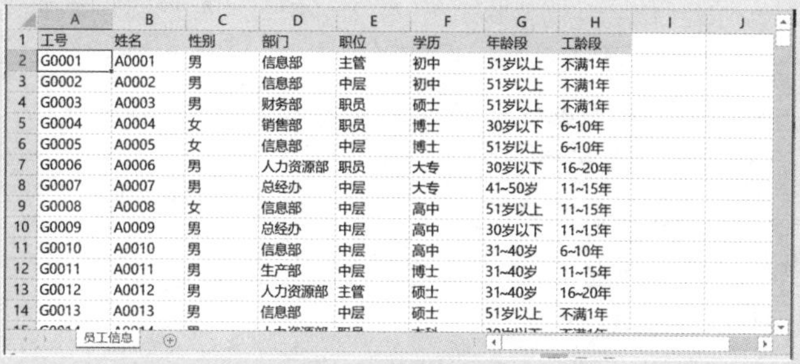

工号	姓名	性别	部门	职位	学历	年龄段	工龄段
G0001	A0001	男	信息部	主管	初中	51岁以上	不满1年
G0002	A0002	男	信息部	中层	初中	51岁以上	不满1年
G0003	A0003	男	财务部	职员	硕士	51岁以上	不满1年
G0004	A0004	女	销售部	职员	博士	30岁以下	6~10年
G0005	A0005	女	信息部	中层	博士	51岁以上	6~10年
G0006	A0006	男	人力资源部	职员	大专	30岁以下	16~20年
G0007	A0007	男	总经办	中层	大专	41~50岁	11~15年
G0008	A0008	女	信息部	中层	高中	51岁以上	11~15年
G0009	A0009	男	总经办	中层	高中	30岁以下	11~15年
G0010	A0010	男	信息部	中层	高中	31~40岁	6~10年
G0011	A0011	男	生产部	中层	博士	31~40岁	11~15年
G0012	A0012	男	人力资源部	主管	硕士	31~40岁	16~20年
G0013	A0013	男	信息部	中层	硕士	51岁以上	不满1年

图14-2 基础数据

参考代码如下。

```vba
Sub 代码14001()
    Dim cnn As New ADODB.Connection
    Dim rs As ADODB.Recordset
    Dim dept As String
    Dim posi As String
    Dim book As String
    Dim wb As Workbook
    Dim ws As Worksheet
    Dim i As Integer
    Dim SQL As String

    '----------指定条件----------
    dept = "财务部"
    posi = "中层"
    boo = "6~10年"

    '----------建立ADO连接--------
    With cnn
        .Provider = "microsoft.ace.oledb.12.0"
        .ConnectionString = "Extended Properties=Excel 12.0; " _
                    & "Data Source=" & ThisWorkbook.FullName
        .Open
    End With

    '-----------准备查询-----------
    Set rs = New ADODB.Recordset
    SQL = "select * from [员工信息$] " _
        & "where 部门='" & dept & "' " _
        & "and 职位='" & posi & "' " _
        & "and 工龄段='" & boo & "' "
    rs.Open SQL, cnn, adOpenKeyset, adLockOptimistic
```

```
If rs.RecordCount = 0 Then
    MsgBox "没有符合条件的数据"
    Exit Sub
End If


'--------------新建工作簿，输出结果------------
Set wb = Workbooks.Add
Set ws = wb.Worksheets(1)
With ws
    '复制数据标题
    For i = 1 To rs.Fields.Count
        .Cells(1, i) = rs.Fields(i - 1).Name
    Next i
    '复制数据
    .Range("A2").CopyFromRecordset rs
End With
'保存工作簿
wb.SaveAs ThisWorkbook.Path & "\" & dept & posi & boo & ".xlsx"
wb.Close

    MsgBox "查询成功，请打开工作簿查看:" & dept & posi & boo & ".xlsx"
End Sub
```

代码 14002 从指定单元格区域中查找满足条件的数据

有些情况下，数据区域并不是规范的，例如，工作表的第一行是没什么数据价值的表头。这样就不能直接在SQL语句里写工作表名称，而是必须写为如下的形式。

```
SQL = "select * from [工作表名$单元格区域]
```

图14-3所示就是这样一种情况，真正的数据区域是从第3行开始的。

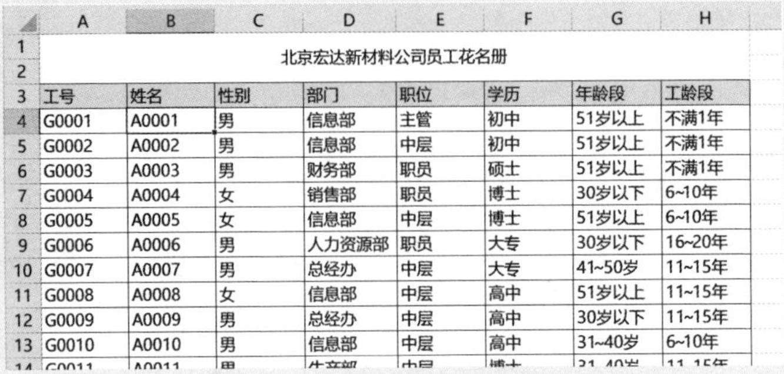

	A	B	C	D	E	F	G	H
1	北京宏达新材料公司员工花名册							
2								
3	工号	姓名	性别	部门	职位	学历	年龄段	工龄段
4	G0001	A0001	男	信息部	主管	初中	51岁以上	不满1年
5	G0002	A0002	男	信息部	中层	初中	51岁以上	不满1年
6	G0003	A0003	男	财务部	职员	硕士	51岁以上	不满1年
7	G0004	A0004	女	销售部	职员	博士	30岁以下	6~10年
8	G0005	A0005	女	信息部	中层	博士	51岁以上	6~10年
9	G0006	A0006	男	人力资源部	职员	大专	30岁以下	16~20年
10	G0007	A0007	男	总经办	中层	大专	41~50岁	11~15年
11	G0008	A0008	女	信息部	中层	高中	51岁以上	11~15年
12	G0009	A0009	男	总经办	中层	高中	30岁以下	11~15年
13	G0010	A0010	男	信息部	中层	高中	31~40岁	6~10年

图14-3　数据区域顶部有大表头

下面是修改后的代码。

```
Sub 代码14002()
    Dim cnn As New ADODB.Connection
    Dim rs As ADODB.Recordset
    Dim dept As String
    Dim posi As String
    Dim book As String
    Dim wb As Workbook
    Dim ws As Worksheet
    Dim i As Integer
    Dim SQL As String

    '----------指定条件---------
    dept = "财务部"
    posi = "中层"
    boo = "6~10年"

    '----------建立ADO连接--------
    With cnn
        .Provider = "microsoft.ace.oledb.12.0"
        .ConnectionString = "Extended Properties=Excel 12.0; " _
                    & "Data Source=" & ThisWorkbook.FullName
        .Open
```

```vba
End With

    '-----------准备查询-----------
    Set rs = New ADODB.Recordset
    SQL = "select * from [员工信息$A3:H20000] " _
        & "where 部门='" & dept & "' " _
        & "and 职位='" & posi & "' " _
        & "and 工龄段='" & boo & "' "
    rs.Open SQL, cnn, adOpenKeyset, adLockOptimistic

    If rs.RecordCount = 0 Then
        MsgBox "没有符合条件的数据"
        Exit Sub
    End If

    '--------------新建工作簿，输出结果------------
    Set wb = Workbooks.Add
    Set ws = wb.Worksheets(1)
    With ws
        '复制数据标题
        For i = 1 To rs.Fields.Count
            .Cells(1, i) = rs.Fields(i - 1).Name
        Next i
        '复制数据
        .Range("A2").CopyFromRecordset rs
    End With
    '保存工作簿
    wb.SaveAs ThisWorkbook.Path & "\" & dept & posi & boo & ".xlsx"
    wb.Close

    MsgBox "查询成功，请打开工作簿查看:" & dept & posi & boo & ".xlsx"
End Sub
```

代码 14003　根据关键词查找：like

使用like构建关键词的模糊条件查找。下面的例子就是查找在供货范围中含有"轴承"的全部供货商信息，并生成一个明细表。源数据如图14-4所示。参考代码如下。

注意关键词条件的写法。

like '%关键词%'

	A	B	C	D	E
1	供货商代码	供货商名称	地区	供货范围	
2	GHS004	徐州润滑液压设备有限公司	江苏	冷却器	
3	GHS009	秦川机械制造有限公司	陕西	轧辊轴	
4	GHS010	芜湖新时代智能技术有限公司	安徽	自控装备	
5	GHS013	蚌埠电仪技术有限公司	安徽	水泵	
6	GHS016	兰州信德机械设备有限公司	甘肃	轴承	
7	GHS018	梦云重工机械制造有限公司	河北	液压机	
8	GHS020	邯郸新科起重机有限公司	河北	吊链	
9	GHS031	唐山市冀东超硬材料有限公司	河北	刚玉	
10	GHS035	苏州精工轴承有限公司	江苏	轴承	
11	GHS039	上海摩根冶金实业有限公司	上海	轴承	
12	GHS041	合肥冶金机械有限公司	安徽	轴承	
13	GHS060	厦门吉盟测控科技有限公司	福建	轴承	
14	GHS076	沈阳飞科工业自动化科技有限公司	辽宁	传感器	

图14-4　源数据

```
Sub 代码14003()
    Dim cnn As New ADODB.Connection
    Dim rs As ADODB.Recordset
    Dim wb As Workbook
    Dim ws As Worksheet
    Dim i As Integer
    Dim SQL As String

    '----------建立ADO连接---------
    With cnn
        .Provider = "microsoft.ace.oledb.12.0"
        .ConnectionString = "Extended Properties=Excel 12.0; " _
                & "Data Source=" & ThisWorkbook.FullName
        .Open
```

End With

'------------准备查询----------
Set rs = New ADODB.Recordset
SQL = "select * from [供货商信息$] where 供货范围 like '%轴承%'"
rs.Open SQL, cnn, adOpenKeyset, adLockOptimistic

If rs.RecordCount = 0 Then
    MsgBox "没有符合条件的数据"
    Exit Sub
End If

'--------------新建工作簿，输出结果------------
Set wb = Workbooks.Add
Set ws = wb.Worksheets(1)
With ws
    '复制数据标题
    For i = 1 To rs.Fields.Count
        .Cells(1, i) = rs.Fields(i - 1).Name
    Next i
    '复制数据
    .Range("A2").CopyFromRecordset rs
End With
'保存工作簿
wb.SaveAs ThisWorkbook.Path & "\" & Format(Now, "yyyymmddhhmm") & ".xlsx"
wb.Close

    MsgBox "查询成功，请打开工作簿查看"
End Sub

代码14004 数值区间查找：between

对于日期字段或者数值字段，可以设置某个时间段或某个数字区间条件，此时可以使用

651

and或between做条件连接。

下面的代码是查找2020年入职的员工信息并生成明细表。数据源如图14-5所示。

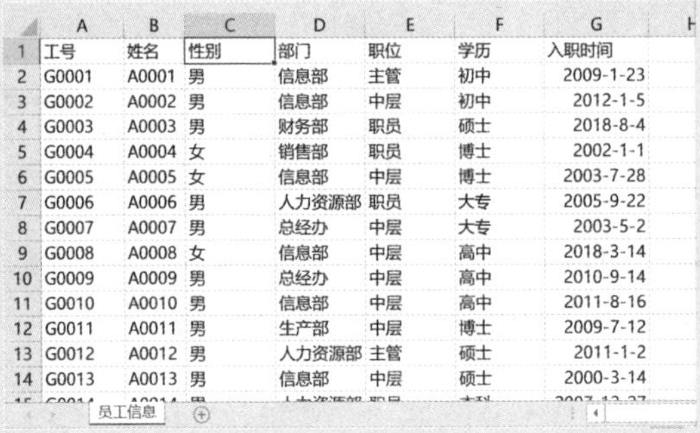

工号	姓名	性别	部门	职位	学历	入职时间
G0001	A0001	男	信息部	主管	初中	2009-1-23
G0002	A0002	男	信息部	中层	初中	2012-1-5
G0003	A0003	男	财务部	职员	硕士	2018-8-4
G0004	A0004	女	销售部	职员	博士	2002-1-1
G0005	A0005	女	信息部	中层	博士	2003-7-28
G0006	A0006	男	人力资源部	职员	大专	2005-9-22
G0007	A0007	男	总经办	中层	大专	2003-5-2
G0008	A0008	女	信息部	中层	高中	2018-3-14
G0009	A0009	男	总经办	中层	高中	2010-9-14
G0010	A0010	男	信息部	中层	高中	2011-8-16
G0011	A0011	男	生产部	中层	博士	2009-7-12
G0012	A0012	男	人力资源部	主管	硕士	2011-1-2
G0013	A0013	男	信息部	中层	硕士	2000-3-14

图14-5　数据源

注意条件的写法，既可以使用and连接两个条件，也可以使用between连接，写法如下。

（1）使用and连接。

```
where 入职时间>=#2020-1-1# and 入职时间<=#2020-12-31#
```

（2）between连接。

```
where 入职时间 between #2020-1-1# and #2020-12-31#
```

```
Sub 代码14004()
    Dim cnn As New ADODB.Connection
    Dim rs As ADODB.Recordset
    Dim wb As Workbook
    Dim ws As Worksheet
    Dim i As Integer
    Dim SQL As String

    '----------建立ADO连接--------
    With cnn
        .Provider = "microsoft.ace.oledb.12.0"
        .ConnectionString = "Extended Properties=Excel 12.0; " _
                    & "Data Source=" & ThisWorkbook.FullName
        .Open
    End With
```

```
'-----------准备查询----------
Set rs = New ADODB.Recordset
SQL = "select * from [员工信息$] where 入职时间 between #2020-1-1# and #2020-12-31#"
rs.Open SQL, cnn, adOpenKeyset, adLockOptimistic

If rs.RecordCount = 0 Then
    MsgBox "没有符合条件的数据"
    Exit Sub
End If


'--------------新建工作簿，输出结果------------
Set wb = Workbooks.Add
Set ws = wb.Worksheets(1)
With ws
    '复制数据标题
    For i = 1 To rs.Fields.Count
        .Cells(1, i) = rs.Fields(i - 1).Name
    Next i
    '复制数据
    .Range("A2").CopyFromRecordset rs
    '设置日期格式
    .Range("G:G").NumberFormatLocal = "yyyy-m-d"
End With
'保存工作簿
wb.SaveAs ThisWorkbook.Path & "\" & Format(Now, "yyyymmddhhmm") & ".xlsx"
wb.Close

MsgBox "查询成功，请打开工作簿查看"
End Sub
```

代码14005 查找数据并排序：order by

可以使用order by对查找的结果进行排序，以便能更清楚地观察数据。

下面的代码是查找2020年入职的员工，并按照入职时间进行升序排序。如果时间相同，就再按部门进行升序排序。

```vba
Sub 代码14005()
    Dim cnn As New ADODB.Connection
    Dim rs As ADODB.Recordset
    Dim wb As Workbook
    Dim ws As Worksheet
    Dim i As Integer
    Dim SQL As String

    '----------建立ADO连接---------
    With cnn
        .Provider = "microsoft.ace.oledb.12.0"
        .ConnectionString = "Extended Properties=Excel 12.0; " _
                    & "Data Source=" & ThisWorkbook.FullName
        .Open
    End With

    '-----------准备查询-----------
    Set rs = New ADODB.Recordset
    SQL = "select * from [员工信息$] " _
        & "where 入职时间 between #2020-1-1# and #2020-12-31# " _
        & "order by 入职时间 asc,部门 asc"
    rs.Open SQL, cnn, adOpenKeyset, adLockOptimistic

    If rs.RecordCount = 0 Then
        MsgBox "没有符合条件的数据"
        Exit Sub
    End If

    '--------------新建工作簿，输出结果------------
    Set wb = Workbooks.Add
    Set ws = wb.Worksheets(1)
```

```
With ws
    '复制数据标题
    For i = 1 To rs.Fields.Count
        .Cells(1, i) = rs.Fields(i − 1).Name
    Next i
    '复制数据
    .Range("A2").CopyFromRecordset rs
    '设置日期格式
    .Range("G:G").NumberFormatLocal = "yyyy−m−d"
End With
'保存工作簿
wb.SaveAs ThisWorkbook.Path & "\" & Format(Now, "yyyymmddhhmm") & ".xlsx"
wb.Close

MsgBox "查询成功，请打开工作簿查看"
End Sub
```

代码 14006 查询并统计计算：COUNT、MAX、MIN、SUM、AVG

在查询时，可以对字段进行基本的统计计算。如计数、最大值，最小值、求和、平均值等，分别使用以下函数来计算：COUNT、**MAX**、**MIN**、**SUM**、**AVG**。

图14-6所示的是员工基本信息，要制作成如图14-7所示的基本报表，参考代码如下。这里可以练习使用VBA+ADO+SQL来解决。

	A	B	C	D	E	F	G	H	I	J
1	工号	姓名	性别	部门	职位	学历	出生日期	年龄	入职时间	工龄
2	G0002	A0002	男	信息部	中层	初中	1983-4-13	37	2003-3-30	17
3	G0003	A0003	男	财务部	职员	硕士	1974-11-3	45	2005-10-10	15
4	G0005	A0005	女	信息部	中层	博士	1981-3-17	39	2020-3-4	0
5	G0007	A0007	男	总办	中层	大专	1981-4-18	39	2013-3-29	7
6	G0009	A0009	男	总经办	中层	高中	1984-7-25	36	2010-7-23	10
7	G0010	A0010	男	信息部	中层	高中	1993-6-13	27	2020-6-4	0
8	G0011	A0011	男	生产部	中层	博士	1991-12-6	28	2017-11-17	2
9	G0012	A0012	男	人力资源部	主管	硕士	1986-12-16	33	2012-11-22	7
10	G0014	A0014	男	人力资源部	职员	本科	1974-3-7	46	1998-3-2	22
11	G0016	A0016	女	信息部	主管	初中	1986-1-20	34	2017-1-4	3
12	G0017	A0017	女	财务部	主管	博士	1991-1-6	29	2013-12-21	6
13	G0018	A0018	女	销售部	主管	本科	1984-4-4	36	2020-3-20	0
14	G0020	A0020	男	生产部	主管	大专	1974-12-17	45	2010-12-7	9
15	G0022	A0022	男	信息部	中层	大专	1985-10-24	34	2014-9-26	6
16	G0024	A0024	男	生产部	中层	本科	1974-10-11	45	1997-9-30	23
17	G0025	A0025	女	生产部	职员	高中	1982-11-16	37	2015-11-5	4
18	G0028	A0028	男	财务部	中层	硕士	1988-4-8	32	2019-3-18	1
19	G0030	A0030	男	人力资源部	职员	本科	1986-3-17	34	2019-3-1	1

员工信息　统计报表

图14-6　基础数据表

	A	B	C	D	E
1	部门	人数	最大年龄	最小年龄	平均年龄
2	总经办				
3	人力资源部				
4	财务部				
5	生产部				
6	信息部				
7	销售部				
8	总公司				
9					

图14-7　报表样式

```
Sub 代码14006()
    Dim cnn As New ADODB.Connection
    Dim rs As ADODB.Recordset
    Dim ws As Worksheet
    Dim i As Integer
    Dim SQL As String

    Set ws = ThisWorkbook.Worksheets("统计报表")
    ws.Range("B2:E8").ClearContents

    '----------建立ADO连接---------
    With cnn
        .Provider = "microsoft.ace.oledb.12.0"
        .ConnectionString = "Extended Properties=Excel 12.0; " _
                    & "Data Source=" & ThisWorkbook.FullName
        .Open
    End With

    '------------查询统计每个部门数据并保存-----------
    For i = 2 To 7
        Set rs = New ADODB.Recordset
        SQL = "select count(部门) as a1,max(年龄) as a2,min(年龄) as a3,avg(年龄) as a4 from [员工信息$] " _
            & "where 部门='" & ws.Range("A" & i) & "'"
        rs.Open SQL, cnn, adOpenKeyset, adLockOptimistic
        '保存结果
```

```
        ws.Range("B" & i) = rs!a1
        ws.Range("C" & i) = rs!a2
        ws.Range("D" & i) = rs!a3
        ws.Range("E" & i) = Int(rs!a4)
    Next i


    '——————查询统计总公司数据——————
    Set rs = New ADODB.Recordset
    SQL = "select count(部门) as a1,max(年龄) as a2,min(年龄) as a3,avg(年龄) as a4 from [员
工信息$] "
    rs.Open SQL, cnn, adOpenKeyset, adLockOptimistic
    '保存结果
    ws.Range("B8") = rs!a1
    ws.Range("C8") = rs!a2
    ws.Range("D8") = rs!a3
    ws.Range("E8") = Int(rs!a4)


    MsgBox "查询统计完毕", vbInformation
End Sub
```

运行程序后得到各个部门的统计数据，如图14-8所示。

	A	B	C	D	E
1	部门	人数	最大年龄	最小年龄	平均年龄
2	总经办	13	39	31	36
3	人力资源部	30	47	25	36
4	财务部	27	45	26	35
5	生产部	33	47	26	37
6	信息部	33	52	27	37
7	销售部	34	51	24	36
8	总公司	170	52	24	36
9					

图14-8　统计结果

代码14007　自动分组统计：group by

代码14006是首先整理出各个部门清单，然后再循序查找每个部门的数据，过程有些麻烦，其实，也可以直接使用group by子句对部门进行分组，一次性完成分析统计报告。

下面的代码是使用group by子句直接得到各个部门的统计结果，如图14-8所示。

```
Sub 代码14007()
    Dim cnn As New ADODB.Connection
    Dim rs As ADODB.Recordset
    Dim ws As Worksheet
    Dim SQL As String

    Set ws = ThisWorkbook.Worksheets("统计报表")
    ws.Range("A2:E1000").Clear

    '----------建立ADO连接--------
    With cnn
        .Provider = "microsoft.ace.oledb.12.0"
        .ConnectionString = "Extended Properties=Excel 12.0; " _
                    & "Data Source=" & ThisWorkbook.FullName
        .Open
    End With

    '-----------查询统计每个部门数据并保存-----------
    Set rs = New ADODB.Recordset
    SQL = "select 部门,count(部门) as a1,max(年龄) as a2,min(年龄) as a3,avg(年龄) as a4 from [员工信息$] " _
        & "group by 部门"
    rs.Open SQL, cnn, adOpenKeyset, adLockOptimistic
    ws.Range("A2").CopyFromRecordset rs

    '-----------查询统计总公司数据并保存-----------
    Set rs = New ADODB.Recordset
    SQL = "select count(部门) as a1,max(年龄) as a2,min(年龄) as a3,avg(年龄) as a4 from [员工信息$] "
    rs.Open SQL, cnn, adOpenKeyset, adLockOptimistic
    ws.Range("A10000").End(xlUp).Offset(1).Value = "总公司"
    ws.Range("B10000").End(xlUp).Offset(1).CopyFromRecordset rs
```

```
    MsgBox "查询统计完毕", vbInformation
End Sub
```

代码14008 查找前 *N* 个数据：Top

当需要查询数据表中满足某条件的前几个记录时，就可以使用TOP属性来进行查询。TOP有两种查询方式。

- Top *N*：返回表中最前面的*N*行，*N*为整数。
- Top *N* PERCENT：用百分比表示返回表中最前面的*N*行，*N*为整数。

下面的例子是获取工龄在15年以上的前10个员工信息，并按入职时间进行升序排序（实际上等同于按工龄进行降序排序）。运行结果如图14-9所示。

```
Sub 代码14008()
    Dim cnn As New ADODB.Connection
    Dim rs As ADODB.Recordset
    Dim ws As Worksheet
    Dim SQL As String

    Set ws = ThisWorkbook.Worksheets("统计报表")
    ws.Range("A2:J1000").Clear

    '----------建立ADO连接----------
    With cnn
        .Provider = "microsoft.ace.oledb.12.0"
        .ConnectionString = "Extended Properties=Excel 12.0; " _
                    & "Data Source=" & ThisWorkbook.FullName
        .Open
    End With

    '----------开始查询并保存----------
    Set rs = New ADODB.Recordset
    SQL = "select top 10 * from [员工信息$] where 工龄>15 order by 入职时间 asc"
    rs.Open SQL, cnn, adOpenKeyset, adLockOptimistic
```

```
ws.Range("A2").CopyFromRecordset rs
ws.Range("G:G,I:I").NumberFormatLocal = "YYYY-M-D"

MsgBox "查询统计完毕", vbInformation
End Sub
```

	A	B	C	D	E	F	G	H	I	J
1	工号	姓名	性别	部门	职位	学历	出生日期	年龄	入职时间	工龄
2	G0248	A0248	女	生产部	中层	本科	1972-8-9	47	1992-7-29	27
3	G0086	A0086	男	销售部	主管	高中	1968-12-16	51	1993-11-20	26
4	G0082	A0082	男	人力资源部	主管	大专	1973-12-23	46	1994-12-7	25
5	G0074	A0074	男	信息部	职员	硕士	1972-12-20	47	1994-12-8	25
6	G0024	A0024	男	生产部	主管	初中	1974-10-11	45	1997-9-30	22
7	G0091	A0091	女	生产部	主管	大专	1974-2-28	46	1998-2-17	22
8	G0014	A0014	男	人力资源部	职员	本科	1974-3-7	46	1998-3-2	22
9	G0193	A0193	男	销售部	职员	硕士	1976-8-5	43	1998-7-7	22
10	G0373	A0373	男	总经办	主管	大专	1980-8-12	39	2001-7-24	18
11	G0351	A0351	女	销售部	主管	硕士	1974-3-13	46	2002-3-6	18
12										

图14-9　工龄在15年以上的前10个员工

代码14009　查找字段为空值的数据：is null

查找空值很常见，例如，查询未付款的、未交货的和未在职的等。对字段使用is null来构建条件，就能得到这样的结果。

下面的代码是从合同表中查找还没有回款的客户，并按合同金额进行降序排序。原始数据及查询结果如图14-10所示。

```
Sub 代码14009()
    Dim cnn As New ADODB.Connection
    Dim rs As ADODB.Recordset
    Dim ws As Worksheet
    Dim SQL As String

    Set ws = ThisWorkbook.Worksheets("未回款明细")
    ws.Range("A2:E1000").Clear

    '----------建立ADO连接---------
    With cnn
        .Provider = "microsoft.ace.oledb.12.0"
```

```
    .ConnectionString = "Extended Properties=Excel 12.0; " _
              & "Data Source=" & ThisWorkbook.FullName
    .Open
End With


'-----------开始查询并保存-----------
Set rs = New ADODB.Recordset
SQL = "select * from [合同表$] where 已回金额 is null order by 合同金额 desc"
rs.Open SQL, cnn, adOpenKeyset, adLockOptimistic
ws.Range("A2").CopyFromRecordset rs
ws.Range("C:E").NumberFormatLocal = "#,##0"


MsgBox "查询统计完毕", vbInformation
End Sub
```

图14-10　原始数据及查询结果

代码 14010　查找存在或不存在指定集合内的数据：in 或 not in

当指定的条件比较多时，可以将这些条件构建成一个条件集合，然后使用in判断指定条件是否在集合内，或者使用not in判断指定条件是否不在集合内。

下面的代码是从员工信息表中查找部门是信息部、生产部、销售部，学历是硕士和博士，工龄在10年以上的员工信息。查询结果如图14-11所示。

```
Sub 代码14010()
    Dim cnn As New ADODB.Connection
    Dim rs As ADODB.Recordset
    Dim ws As Worksheet
    Dim SQL As String

    Set ws = ThisWorkbook.Worksheets("查询结果")
    ws.Range("A2:J1000").Clear

    '----------建立ADO连接---------
    With cnn
        .Provider = "microsoft.ace.oledb.12.0"
        .ConnectionString = "Extended Properties=Excel 12.0; " _
                    & "Data Source=" & ThisWorkbook.FullName
        .Open
    End With

    '-----------开始查询并保存----------
    Set rs = New ADODB.Recordset
    SQL = "select * from [员工信息$] " _
        & "where 部门 in ('信息部','生产部','销售部') " _
        & "and 学历 in ('博士','硕士') " _
        & "and 工龄>10"
    rs.Open SQL, cnn, adOpenKeyset, adLockOptimistic
    ws.Range("A2").CopyFromRecordset rs
    ws.Range("G:G,I:I").NumberFormatLocal = "YYYY-M-D"

    MsgBox "查询统计完毕", vbInformation
End Sub
```

	A	B	C	D	E	F	G	H	I	J	K
1	工号	姓名	性别	部门	职位	学历	出生日期	年龄	入职时间	工龄	
2	G0033	A0033	男	生产部	中层	硕士	1974-5-3	46	2003-4-11	17	
3	G0071	A0071	男	生产部	中层	博士	1972-11-23	47	2008-10-31	11	
4	G0074	A0074	男	信息部	职员	硕士	1972-12-20	47	1994-12-8	25	
5	G0167	A0167	男	销售部	职员	硕士	1977-3-8	43	2003-2-25	17	
6	G0193	A0193	男	销售部	职员	硕士	1976-8-5	43	1998-7-7	22	
7	G0245	A0245	男	销售部	职员	博士	1983-2-2	37	2008-1-15	12	
8	G0246	A0246	男	销售部	主管	硕士	1982-1-24	38	2009-1-16	11	
9	G0286	A0286	女	生产部	管理层	博士	1984-7-6	36	2006-7-1	14	
10	G0297	A0297	女	生产部	中层	硕士	1976-9-28	43	2005-8-30	14	
11	G0341	A0341	女	销售部	主管	硕士	1985-1-17	35	2005-12-27	14	
12	G0351	A0351	女	销售部	主管	硕士	1974-3-13	46	2002-3-6	18	
13	G0361	A0361	男	信息部	职员	硕士	1981-9-27	38	2004-9-18	15	
14											

图14-11　查询结果

代码 14011　嵌套查询：将一个查询结果作为另一个查询的条件值

嵌套查询是将一个查询结果作为另一个查询的条件值。

例如，要把年龄高于公司平均年龄10岁以上的员工信息查询出来，按年龄从大到小排序。参考代码如下。运行效果如图14-12所示。

```
Sub 代码14011()
    Dim cnn As New ADODB.Connection
    Dim rs As ADODB.Recordset
    Dim ws As Worksheet
    Dim SQL As String

    Set ws = ThisWorkbook.Worksheets("查询结果")
    ws.Range("A2:J1000").Clear

    '----------建立ADO连接---------
    With cnn
        .Provider = "microsoft.ace.oledb.12.0"
        .ConnectionString = "Extended Properties=Excel 12.0; " _
                & "Data Source=" & ThisWorkbook.FullName
        .Open
    End With
```

```
'-----------开始查询并保存----------
Set rs = New ADODB.Recordset
SQL = "select * from [员工信息$] " _
    & "where 年龄 > (select avg(年龄) from [员工信息$])+10 " _
    & "order by 年龄 desc"
rs.Open SQL, cnn, adOpenKeyset, adLockOptimistic
ws.Range("A2").CopyFromRecordset rs
ws.Range("G:G,I:I").NumberFormatLocal = "YYYY-M-D"

MsgBox "查询统计完毕", vbInformation
End Sub
```

	A	B	C	D	E	F	G	H	I	J
1	工号	姓名	性别	部门	职位	学历	出生日期	年龄	入职时间	工龄
2	G0226	A0226	男	信息部	职员	博士	1967-11-23	52	2009-11-7	10
3	G0086	A0086	男	销售部	主管	高中	1968-12-16	51	1993-11-20	26
4	G0281	A0281	男	信息部	职员	初中	1973-1-12	47	2004-1-6	16
5	G0248	A0248	女	生产部	中层	本科	1972-8-9	47	1992-7-29	27
6	G0230	A0230	女	生产部	主管	高中	1973-5-17	47	2013-5-12	7
7	G0181	A0181	女	生产部	主管	本科	1972-11-9	47	2002-11-4	17
8	G0075	A0075	男	生产部	中层	初中	1972-7-15	47	2002-6-27	18
9	G0074	A0074	男	信息部	中层	硕士	1972-12-20	47	1994-12-8	25
10	G0071	A0071	男	生产部	中层	博士	1972-11-23	47	2008-10-31	11
11	G0034	A0034	男	人力资源部	中层	初中	1973-2-10	47	2007-1-14	13
12										

图14-12　年龄高于平均年龄10岁的员工信息

代码 14012　获取不重复清单：distinct

如果要从流水清单中获取不重复清单，例如，获取客户名单、产品名单、供货商名单和部门名单等，以便于将这些名单赋值给组合框或者列表框，此时可以使用distinct。

下面的代码是当启动窗体时，自动从员工信息中获取部门列表，再赋值给窗体的组合框Combobox1。运行效果如图14-13所示。

```
Sub 代码14012()
Dim cnn As New ADODB.Connection
Dim rs As ADODB.Recordset

Private Sub UserForm_Initialize()
    Dim SQL As String
```

```
    Dim i As LongLong

    With cnn
        .Provider = "microsoft.ace.oledb.12.0"
        .ConnectionString = "Extended Properties=Excel 12.0; " _
                    & "Data Source=" & ThisWorkbook.FullName
        .Open
    End With

    Set rs = New ADODB.Recordset
    SQL = "select distinct 部门 from [员工信息$] "
    rs.Open SQL, cnn, adOpenKeyset, adLockOptimistic

    For i = 1 To rs.RecordCount
        ComboBox1.AddItem rs!部门
        rs.MoveNext
    Next i
End Sub
```

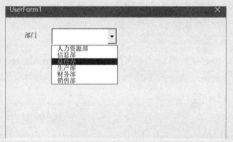

图14-13　复制到组合框里的不重复部门名称

14.2　从多个工作表中查询数据

前面介绍的是在一个工作表中查询数据，下面介绍几个在不同工作表中查找数据的方法和参考代码。

代码14013 查找工作簿所有工作表满足条件的数据：循环方法

　　使用循环的方法来查找工作簿的每一个工作表，把满足条件的数据查询出来并保存到新工作簿。

　　下面的例子就是从几个分公司的员工信息表中，把所有博士学历、职位为中层的人查找出来并保存到一起，另存为新工作簿。

　　下面是参考代码，注意汇总到一起后，新增了一个字段"分公司"，用来保存各个分公司名称。

　　原始数据及运行效果如图14-14和图14-15所示。

```vba
Sub 代码14013()
    Dim cnn As New ADODB.Connection
    Dim rs As ADODB.Recordset
    Dim wbx As Workbook
    Dim wsx As Worksheet
    Dim ws As Worksheet
    Dim i As Integer
    Dim SQL As String

    Set wbx = Workbooks.Add
    Set wsx = wbx.Worksheets(1)
    wsx.Range("A1") = "分公司"
    ThisWorkbook.Worksheets(1).Range("A1:H1").Copy Destination:=wsx.Range("B1")

    '----------建立ADO连接--------
    With cnn
        .Provider = "microsoft.ace.oledb.12.0"
        .ConnectionString = "Extended Properties=Excel 12.0; " _
                    & "Data Source=" & ThisWorkbook.FullName
        .Open
    End With

    '-----------查询每个工作表----------
    For i = 1 To ThisWorkbook.Worksheets.Count
        Set ws = ThisWorkbook.Worksheets(i)
```

```
    Set rs = New ADODB.Recordset
    SQL = "select '" & ws.Name & "' as 分公司,* from [" & ws.Name & "$] " _
        & "where 学历='博士' and 职位='中层' "
    rs.Open SQL, cnn, adOpenKeyset, adLockOptimistic
    wsx.Range("A10000").End(xlUp).Offset(1).CopyFromRecordset rs
Next i
'保存工作簿
wbx.SaveAs ThisWorkbook.Path & "\博士学历员工汇总.xlsx"
wbx.Close

MsgBox "查询成功，请打开工作簿查看: 博士学历员工汇总.xlsx"
End Sub
```

图14-14　各个分公司工作表

图14-15　查找汇总结果

查找工作簿所有工作表满足条件的数据: union all 方法

这种方法是将每个工作表的SQL语句连接起来，构成一个综合SQL语句。以代码14013的示例工作簿数据为例，汇总查询的参考代码如下。

```
Sub 代码14014()
    Dim cnn As New ADODB.Connection
    Dim rs As ADODB.Recordset
    Dim wbx As Workbook
    Dim wsx As Worksheet
    Dim ws As Worksheet
```

```vba
Dim i As Integer
Dim SQL As String


'----------建立ADO连接--------
With cnn
    .Provider = "microsoft.ace.oledb.12.0"
    .ConnectionString = "Extended Properties=Excel 12.0; " _
                & "Data Source=" & ThisWorkbook.FullName
    .Open
End With


'-----------查询汇总-----------
SQL = "select '北京分公司' as 分公司,* from [北京分公司$] where 学历='博士' and 职位='中层' " _
    & "union all " _
    & "select '上海分公司' as 分公司,* from [上海分公司$] where 学历='博士' and 职位='中层' " _
    & "union all " _
    & "select '苏州分公司' as 分公司,* from [苏州分公司$] where 学历='博士' and 职位='中层' " _
    & "union all " _
    & "select '深圳分公司' as 分公司,* from [深圳分公司$] where 学历='博士' and 职位='中层' " _
    & "union all " _
    & "select '杭州分公司' as 分公司,* from [杭州分公司$] where 学历='博士' and 职位='中层' " _
    & "union all " _
    & "select '武汉分公司' as 分公司,* from [武汉分公司$] where 学历='博士' and 职位='中层' " _
    & "union all " _
    & "select '西安分公司' as 分公司,* from [西安分公司$] where 学历='博士' and 职位='中层' "
    Set rs = New ADODB.Recordset
    rs.Open SQL, cnn, adOpenKeyset, adLockOptimistic


'--------------新建工作簿，输出结果------------
Set wb = Workbooks.Add
Set ws = wb.Worksheets(1)
With ws
    '复制数据标题
```

```
    For i = 1 To rs.Fields.Count
        .Cells(1, i) = rs.Fields(i – 1).Name
    Next i
    '复制数据
    .Range("A2").CopyFromRecordset rs
End With


'保存工作簿
wb.SaveAs ThisWorkbook.Path & "\博士学历员工汇总.xlsx"
wb.Close


MsgBox "查询成功，请打开工作簿查看：博士学历员工汇总.xlsx"
End Sub
```

代码 14015   查找两个表都存在的数据：in

对比两个表并查找两个表都存在的数据时，可以使用in做嵌套查询。

下面的代码是从"年初"和"年末"两个工作表中，查找年初和年末都存在的员工信息，取出年末表格数据并保存到指定工作表。示例数据和运行效果分别如图14-16和图14-17所示。

```
Sub 代码14015()
    Dim cnn As New ADODB.Connection
    Dim rs As ADODB.Recordset
    Dim ws As Worksheet
    Dim SQL As String


    Set ws = ThisWorkbook.Worksheets("两表都有")
    ws.Range("2:10000").ClearContents


    '----------建立ADO连接---------
    With cnn
        .Provider = "microsoft.ace.oledb.12.0"
        .ConnectionString = "Extended Properties=Excel 12.0; " _
                & "Data Source=" & ThisWorkbook.FullName
```

```
    .Open
End With


'查找保存数据
SQL = "select * from [年末$] where 工号 in (select 工号 from [年初$])"
Set rs = New ADODB.Recordset
rs.Open SQL, cnn, adOpenKeyset, adLockOptimistic
ws.Range("A2").CopyFromRecordset rs
ws.Range("F:G").NumberFormatLocal = "YYYY-M-D"


MsgBox "查询成功"

End Sub
```

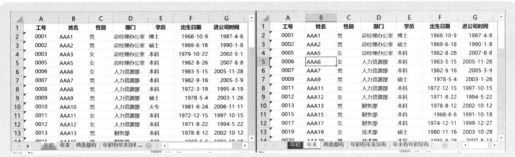

图14-16　示例数据

图14-17　两表都有的员工数据（年末数据）

代码 14016 查找只存在一个表的数据：not in

使用not in来处理一个表有、另一个表没有的数据。例如，查找年初有、年末没有的员工数据，实际上就是离职员工数据，参考代码如下。运行效果如图14-18所示。

```
Sub 代码14016()
    Dim cnn As New ADODB.Connection
    Dim rs As ADODB.Recordset
    Dim ws As Worksheet
    Dim SQL As String

    Set ws = ThisWorkbook.Worksheets("年初有年末没有")
    ws.Range("2:10000").ClearContents

    '----------建立ADO连接---------
    With cnn
        .Provider = "microsoft.ace.oledb.12.0"
        .ConnectionString = "Extended Properties=Excel 12.0; " _
                & "Data Source=" & ThisWorkbook.FullName
        .Open
    End With

    '查找保存数据
    SQL = "select * from [年初$] where 工号 not in (select 工号 from [年末$])"
    Set rs = New ADODB.Recordset
    rs.Open SQL, cnn, adOpenKeyset, adLockOptimistic
    ws.Range("A2").CopyFromRecordset rs
    ws.Range("F:G").NumberFormatLocal = "YYYY-M-D"

    MsgBox "查询成功"
End Sub
```

	A	B	C	D	E	F	G
1	工号	姓名	性别	部门	学历	出生日期	进公司时间
2	0003	AAA3	女	总经理办公室	本科	1979-10-22	2002-5-1
3	0008	AAA8	男	人力资源部	本科	1972-3-19	1995-4-19
4	0010	AAA10	男	人力资源部	大专	1981-6-24	2006-11-11
5	0016	AAA16	女	财务部	本科	1967-8-9	1990-4-28
6	0022	AAA22	女	技术部	硕士	1961-8-8	1982-8-14
7	0026	AAA26	男	技术部	硕士	1981-4-17	2003-9-7
8	0048	AAA48	男	销售部	硕士	1978-4-8	2002-9-19
9	0052	AAA52	男	销售部	硕士	1960-4-7	1992-8-25
10	0055	AAA55	女	信息部	本科	1980-3-22	2002-12-19
11	0061	AAA61	女	后勤部	高中	1977-3-28	2008-8-13
12							

图14-18　年初有、年末没有的员工数据（离职员工）

同样，如果要查找年末有、年初没有的员工数据（也就是新进员工数据），参考代码如下。运行效果如图14-19所示。

```vba
Sub 代码14016_1()
    Dim cnn As New ADODB.Connection
    Dim rs As ADODB.Recordset
    Dim ws As Worksheet
    Dim SQL As String

    Set ws = ThisWorkbook.Worksheets("年末有年初没有")
    ws.Range("2:10000").ClearContents

    '----------建立ADO连接---------
    With cnn
        .Provider = "microsoft.ace.oledb.12.0"
        .ConnectionString = "Extended Properties=Excel 12.0; " _
                & "Data Source=" & ThisWorkbook.FullName
        .Open
    End With

    '查找保存数据
    SQL = "select * from [年末$] where 工号 not in (select 工号 from [年初$])"
    Set rs = New ADODB.Recordset
    rs.Open SQL, cnn, adOpenKeyset, adLockOptimistic
    ws.Range("A2").CopyFromRecordset rs
```

```
ws.Range("F:G").NumberFormatLocal = "YYYY-M-D"


    MsgBox "查询成功"
End Sub
```

	A	B	C	D	E	F	G
1	工号	姓名	性别	部门	学历	出生日期	进公司时间
2	0081	AAA81	女	销售部	本科	1978-8-14	2018-1-16
3	0082	AAA82	男	人力资源部	本科	1985-5-22	2018-2-17
4	0083	AAA83	女	财务部	本科	1973-12-4	2018-5-1
5	0084	AAA84	女	财务部	本科	1982-9-10	2018-8-19
6	0085	AAA85	男	销售部	硕士	1987-3-1	2018-10-1
7	0086	AAA86	男	信息部	本科	1984-12-22	2018-11-2
8							

图14-19　年末有、年初没有的员工数据（新进员工）

14.4 获取没有打开的工作簿的信息

即使工作簿没有打开，也可以获取该工作簿的有关信息。例如，该工作簿有多少个工作表、工作表名称是什么、从某个工作簿获取满足条件的数据等。这些都是通过 ADO 和 ADOX 的方法实现的。

代码 14017 获取没有打开的工作簿的工作表名称

使用ADOX对象，可以获取没有打开的工作簿的工作表名称。既可以通过先绑定的方法引用ADOX对象库Microsoft ADO Ext.2.x for DDL and Security，也可以使用后绑定的方法直接创建对象。

下面的代码是获取工作簿"工作簿测试.xlsx"中各个工作表的名称。这里使用后绑定的方法引用ADOX对象。

```
Sub 代码14017()
    Dim myCat As Object
    Dim myTable As Object
    Dim ws As Worksheet
```

```
Set ws = ThisWorkbook.Worksheets(1)
ws.Cells.Clear
ws.Range("A1") = "工作表名称"

Set myCat = CreateObject("ADOX.Catalog")
myCat.ActiveConnection = "Provider=Microsoft.ace.Oledb.12.0;" _
    & "Extended Properties='Excel 12.0;HDR=yes';" _
    & "data source=" & ThisWorkbook.Path & "\工作簿测试.xlsx"

For Each myTable In myCat.Tables
    ws.Range("A1000").End(xlUp).Offset(1) = Replace(myTable.Name, "$", "")
Next

End Sub
```

运行程序后就得到了工作簿"工作簿测试.xlsx"中的各个工作表名称，如图14-20所示。

	A	B	C
1	工作表名称		
2	付款信息		
3	供货商信息		
4	发票信息		
5	合同信息		
6	基本信息		
7	客户信息		
8	应付报表		
9	应收报表		
10	整体分析		
11	统计报表		
12	资料备注		

图14-20　该工作簿的各个工作表名称

代码 14018　获取没有打开的工作簿中每个工作表的数据行数、列数和列标题

如果不只是要得到没打开工作簿的每个工作表名称，还要得到每个工作表的列数、列标题和行数，就要联合使用ADO和ADOX来解决。源数据是"工作簿测试.xlsx"。

下面的代码是采用后绑定的方法来查找数据。

```vba
Sub 代码14018()
    Dim myCat As Object
    Dim myTable As Object
    Dim cnn As Object
    Dim rs As Object
    Dim cnnstr As String
    Dim SQL As String
    Dim i As Integer
    Dim ws As Worksheet

    Set ws = ThisWorkbook.Worksheets(1)
    ws.Cells.Clear
    ws.Range("A1:D1") = Array("工作表名称", "数据行数", "数据列数", "各列标题 ↓→")

    Set cnn = CreateObject("ADODB.Connection")

    Set myCat = CreateObject("ADOX.Catalog")

    cnnstr = "Provider=Microsoft.ace.Oledb.12.0;" _
        & "Extended Properties='Excel 12.0;HDR=yes';" _
        & "data source=" & ThisWorkbook.Path & "\工作簿测试.xlsx"

    myCat.ActiveConnection = cnnstr
    cnn.Open cnnstr

    For Each myTable In myCat.Tables
        n = ws.Range("A1000").End(xlUp).Row + 1
        ws.Range("A" & n) = Replace(myTable.Name, "$", "")

        SQL = "select * from [" & myTable.Name & "]"
        Set rs = CreateObject("ADODB.Recordset")
        rs.Open SQL, cnn, 1, 3, 1
```

```
        ws.Range("B" & n) = rs.RecordCount
        ws.Range("C" & n) = rs.Fields.Count
        For i = 1 To rs.Fields.Count
            ws.Cells(n, i + 3) = rs.Fields(i – 1).Name
        Next i
    Next

End Sub
```

运行程序后就得到如图14-21所示的运行效果。

	A	B	C	D	E	F	G	H
1	工作表名称	数据行数	数据列数	各列标题↓→				
2	付款信息	22	4	付款单位	付款日期	付款金额	付款方式	
3	供货商信息	11	2	供货商编码	供货商名称			
4	发票信息	135	5	发票号	开票日期	开票金额	税率	开票单位
5	合同信息	34	2	合同编号	合同名称			
6	基本信息	15	3	区域	省份	城市		
7	客户信息	11	4	客户编码	客户名称	地址	账号	
8	应付报表	13	4	供货商	总金额	应付金额	未付金额	
9	应收报表	17	4	客户	总金额	回款额	应收金额	
10	整体分析	13	5	地区	产品1	产品2	产品3	产品4
11	统计报表	13	3	客户	销售额	毛利		
12	资料备注	16	2	业务员	客户			
13								

图14-21　运行效果

14.5　设计查询窗体

可以根据实际情况，设计个性化的窗体来查询数据，这样会更加方便。

代码14019　设计窗体以灵活查询数据

以如图14-22所示的数据为例，设计如图14-23所示的查询窗体，可以通过选择部门来查询数据。

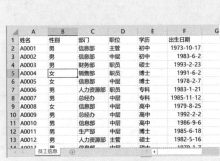

图14-22　示例数据

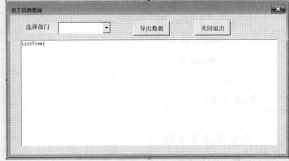

图14-23　窗体结构设计

窗体初始化及各个控件的事件程序代码如下。

```
Sub 代码14019()
Dim cnn As New ADODB.Connection
Dim rs As ADODB.Recordset

Private Sub UserForm_Initialize()
    Dim ColName As Variant
    Dim ColWidth As Variant
    Dim i, j
    Dim SQL As String

    '----------建立ADO连接---------
    With cnn
        .Provider = "microsoft.ace.oledb.12.0"
        .ConnectionString = "Extended Properties=Excel 12.0; " _
                & "Data Source=" & ThisWorkbook.FullName
        .Open
    End With

    '----------查找不重复部门名称，赋值给组合框
    Set rs = New ADODB.Recordset
    SQL = "select distinct 部门 from [员工信息$]"
    rs.Open SQL, cnn, adOpenKeyset, adLockOptimistic
```

```
    With ComboBox1
        For i = 1 To rs.RecordCount
            .AddItem rs!部门
            rs.MoveNext
        Next i
    End With

    '设置报表基本格式
    With ListView1
        .View = lvwReport
        .Gridlines = True
        .FullRowSelect = True
        .Font.Size = 10
        .Font.Name = "微软雅黑"
    End With

    '设置表头
    ColName = Array("姓名", "性别", "部门", "职位", "学历", "出生日期")
    ColWidth = Array(70, 50, 70, 70, 70, 100)
    With ListView1.ColumnHeaders
        .Clear
        For i = 0 To UBound(ColName)
            .Add , , ColName(i), ColWidth(i)
        Next i
    End With
End Sub

Private Sub ComboBox1_Change()
    Dim i
    Dim SQL As String
    Dim Item As ListItem

    '查找数据
```

```
Set rs = New ADODB.Recordset
SQL = "select * from [员工信息$] where 部门='" & ComboBox1.Value & "'"
rs.Open SQL, cnn, adOpenKeyset, adLockOptimistic

'显示到listView
With ListView1.ListItems
    .Clear
    For i = 1 To rs.RecordCount
        Set Item = .Add
        With Item
            .Text = rs.Fields(0).Value
            For j = 1 To rs.Fields.Count – 1
                .SubItems(j) = rs.Fields(j).Value
            Next j
        End With
        rs.MoveNext
    Next i
End With
rs.MoveFirst
End Sub


Private Sub CommandButton1_Click()
    Dim wb As Workbook
    Dim ws As Worksheet

    删除文件夹里的旧文件
    On Error Resume Next
    Kill ThisWorkbook.Path & "\" & ComboBox1.Value & ".xlsx"
    On Error GoTo 0

    Set wb = Workbooks.Add
    Set ws = wb.Worksheets(1)
    With ws
```

```
'复制数据标题
For i = 1 To rs.Fields.Count
    .Cells(1, i) = rs.Fields(i – 1).Name
Next i
'复制数据
.Range("A2").CopyFromRecordset rs
End With
'保存工作簿
wb.SaveAs ThisWorkbook.Path & "\" & ComboBox1.Value & ".xlsx"
wb.Close

MsgBox "保存成功，请打开工作簿查看:" & ComboBox1.Value & ".xlsx"
End Sub


Private Sub CommandButton2_Click()
    End
End Sub
```

运行窗体后选择部门就得到该部门的数据，如图14-24所示。

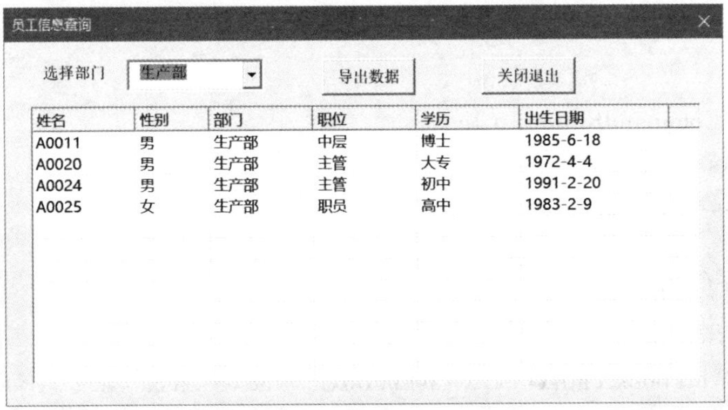

图14-24　查询指定部门的数据

查询出数据后，单击"导出数据"按钮，就将数据另存到新工作簿中。

Text: 处理文本文件

文本文件是一种最简单、使用最方便的数据文件。任何数据都可以保存到文本文件中，而不需要像专门数据库那样对数据有许多规定。

本章将主要介绍利用Excel VBA访问文本文件的一些实用技能和技巧。

15.1 打开文本文件为工作簿

　　导入文本文件到工作表有很多种方法，本节将提供一些具有较大应用价值的方法，为读者提供尽可能多的选择。

代码15001　将 TXT 格式文本文件打开为工作簿：OpenText

利用OpenText方法可以将文本文件打开为工作簿。

下面的代码是将名字为"员工信息表.txt"的文本文件打开为工作簿。

```
Sub 代码15001()
    Dim fName As String
    fName = "员工信息表.txt"
    Workbooks.OpenText _
        Filename:=ThisWorkbook.Path & "\" & fName, _
        StartRow:=1, DataType:=xlDelimited, Comma:=True
End Sub
```

> **注意**
>
> 这个文本文件的各个数据之间将以逗号分隔符隔开。

代码15002　将 CSV 格式文本文件打开为工作簿：Open

利用Open方法将CSV格式文本文件打开为工作簿。

下面的代码是将名字为"销售明细.csv"的文本文件打开为工作簿。

```
Sub 代码15002()
    Dim fName As String
    fName = "销售明细.csv"
    Workbooks.Open Filename:=ThisWorkbook.Path & "\" & fName
End Sub
```

打开任意格式的文本文件：Open

Open方法可以打开任意格式的文本文件。下面的代码是打开文本文件"员工花名册.txt"，该文件各列数据是用"|"分隔。

```
Sub 代码15003()
    Dim fName As String
    fName = "员工花名册.txt"
    Workbooks.Open Filename:=ThisWorkbook.Path & "\" & fName, _
        Format:=6, delimiter:="|"
End Sub
```

15.2　将文本文件数据导入到工作簿

前面介绍的是在 Excel 中打开文本文件，下面介绍如何将文本文件数据导入到指定的当前工作簿，而不是打开文本文件。

导入 CSV 文本文件：QueryTables

利用TEXT驱动程序和QueryTables对象就可以将CSV格式的文本文件数据导入到Excel工作表。

下面的代码是将名字为"销售明细.csv"的文本文件导入到当前工作表。

```
Sub 代码15004()
    Dim Qtable As QueryTable
    Dim Cnc1 As String
    Dim Cnc2 As String
    Dim fName As String
    Dim ws As Worksheet
    Set ws = ThisWorkbook.Worksheets(1)
    ws.Cells.Clear
    fName = "销售明细.csv"              '指定文本文件
```

```
    Cnc1 = "TEXT;"
    Cnc2 = ThisWorkbook.Path & "\" & fName
    Set Qtable = ws.QueryTables.Add( _
            Connection:=Cnc1 & Cnc2, Destination:=ws.Range("A1"))
    With Qtable
      .TextFilePlatform = 936
      .TextFileStartRow = 1
      .TextFileCommaDelimiter = True
      .Refresh
    End With
End Sub
```

代码 15005 　导入指定格式文本文件：QueryTables

下面的代码是导入指定格式文本文件，将文本文件"员工花名册.txt"导入到指定工作表，各列文本用"|"分隔。

```
Sub 代码15005()
    Dim Qtable As QueryTable
    Dim Cnc1 As String
    Dim Cnc2 As String
    Dim fName As String
    Dim ws As Worksheet
    Set ws = ThisWorkbook.Worksheets(1)
    ws.Cells.Clear
    fName = "员工花名册.txt"              '指定文本文件
    Cnc1 = "TEXT;"
    Cnc2 = ThisWorkbook.Path & "\" & fName
    Set Qtable = ws.QueryTables.Add( _
            Connection:=Cnc1 & Cnc2, Destination:=ws.Range("A1"))
    With Qtable
      .TextFilePlatform = 936
      .TextFileStartRow = 1
      .TextFileOtherDelimiter = "|"
```

```
        .TextFileColumnDataTypes = Array(1, 1, 1, 1, 1, 2, 1, 1, 1, 1, 1)
        .Refresh
    End With
End Sub
```

注意

　　该文本文件的第6列是身份证号码，因此增加了TextFileColumnDataTypes语句设置这列的数据格式为文本格式，以防止身份证号码的最后3位数字丢失。

代码 15006　导入文本文件的全部数据：ADO

　　在利用ADO导入文本文件时，可以利用SQL语句导入文本文件的部分或全部任何内容，因此这种方法具有很大的灵活性。

　　下面的代码是利用ADO将名字为"销售明细.csv"的文本文件导入到当前工作表。

```
Sub 代码15006()
    Dim cnn As New ADODB.Connection
    Dim rs As New ADODB.Recordset
    Dim ws As Worksheet
    Dim CnnStr As String
    Dim SQL As String
    Dim fName As String
    Dim TxtPath As String
    Dim i As Long

    Set ws = ThisWorkbook.Worksheets(1)
    ws.Cells.Clear

    fName = "销售明细.csv"                    '指定文本文件
    TxtPath = ThisWorkbook.Path & "\"        '指定文本文件所在文件夹

    '建立与文本文件的连接
    CnnStr = "Provider=Microsoft.ACE.OLEDB.12.0;" _
        & "Extended Properties='text;HDR=Yes';" _
```

```
            & "Data Source=" & TxtPath
        cnn.Open CnnStr

        '查找导入数据
        SQL = "select * from " & fName
        rs.Open SQL, cnn, adOpenKeyset, adLockOptimistic
        For i = 1 To rs.Fields.Count
            Cells(1, i).Value = rs.Fields(i − 1).Name
        Next
        Range("A2").CopyFromRecordset rs
    End Sub
```

> **注意**
>
> 在利用ADO导入文本文件时，需要引用Microsoft ActiveX Data Objects 2.x Library。

代码 15007 导入文本文件满足条件数据：ADO

利用ADO来导入文本文件，然后利用SQL语句实现导入文本文件的任何满足条件的内容。

下面的代码是利用ADO从名字为"销售明细.csv"的文本文件中，统计汇总出每个客户的总数量和价税合计。

```
    Sub 代码15007()
        Dim cnn As New ADODB.Connection
        Dim rs As New ADODB.Recordset
        Dim ws As Worksheet
        Dim CnnStr As String
        Dim SQL As String
        Dim fName As String
        Dim TxtPath As String
        Dim i As Long

        Set ws = ThisWorkbook.Worksheets(1)
        ws.Cells.Clear

        fName = "销售明细.csv"                        '指定文本文件
```

```
    TxtPath = ThisWorkbook.Path & "\"              '指定文本文件所在文件夹

    '建立与文本文件的连接
    CnnStr = "Provider=Microsoft.ACE.OLEDB.12.0;" _
        & "Extended Properties='text;HDR=Yes';" _
        & "Data Source=" & TxtPath
    cnn.Open CnnStr

    '查找汇总并导入数据
    SQL = "select 客户名称,sum(数量) as 总数量,sum(价税合计) as 总金额 " _
        & "from " & fName _
        & " group by 客户名称 order by sum(价税合计) desc"
    rs.Open SQL, cnn, adOpenKeyset, adLockOptimistic
    For i = 1 To rs.Fields.Count
        Cells(1, i).Value = rs.Fields(i – 1).Name
    Next
    Range("A2").CopyFromRecordset rs
End Sub
```

15.3　将工作表数据保存为文本文件

本节主要介绍将工作表数据保存为文本文件的方法和技巧。这里的文本文件主要是 CSV 格式文本文件。

代码 15008　将工作表全部数据保存为 CSV 文本文件：SaveAs

使用 SaveAs 方法可以将工作表全部数据保存为 CSV 格式文本文件。

在 SaveAs 方法中，将参数 FileFormat 指定为 xlCSV，同时采用复制的方法复制数据。参考代码如下。

```
Sub 代码15008()
    Dim TxtName As String
```

```
    Dim TxtPath As String
    TxtPath = ThisWorkbook.Path & "\"
    TxtName = "文本文件测试保存.csv"                    '指定要保存的文件名
    On Error Resume Next
    Kill ThisWorkbook.Path & "\" & TxtName             '删除已有的同名文件
    On Error GoTo 0
    Worksheets("Sheet1").Copy                          '复制工作表数据
    ActiveWorkbook.SaveAs Filename:=ThisWorkbook.Path & "\" & TxtName, _
        FileFormat:=xlCSV
    MsgBox "保存成功！"
    ActiveWorkbook.Close SaveChanges:=False
End Sub
```

代码 15009 将工作表部分数据保存为 CSV 文本文件：Print

这里介绍的是利用数组的方法将工作表数据保存为CSV格式文本文件，采用Print方法向文本文件写入数据。参考代码如下。

```
Sub 代码15009()
    Dim TxtName As String
    Dim TxtPath As String
    Dim DataArr() As Variant
    Dim myStr As String
    Dim i As Long, finalRow As Long, j As Long, finalCol As Long

    TxtPath = ThisWorkbook.Path & "\"
    TxtName = "文本文件测试保存.csv"            '指定要保存的文件名
    On Error Resume Next
    Kill ThisWorkbook.Path & "\" & TxtName
    On Error GoTo 0

    finalRow = 20       '指定要保存的行数
    finalCol = 2        '指定要保存的列数
```

```
    ReDim DataArr(1 To finalRow, 1 To finalCol)
    For i = 1 To finalRow
        For j = 1 To finalCol
            DataArr(i, j) = Cells(i, j).Value
        Next
    Next
    Open ThisWorkbook.Path & "\" & TxtName For Output As #1
    For i = 1 To UBound(DataArr, 1)
        myStr = ""
        For j = 1 To UBound(DataArr, 2)
            myStr = myStr & CStr(DataArr(i, j)) & ","
        Next
        myStr = Left(myStr, (Len(myStr) − 1))
        Print #1, myStr
    Next
    Close #1
    MsgBox "保存成功"
End Sub
```

注意

在将工作表数据保存到数组时，就已将逗号写入行数据中，从而将一行数据变为以逗号分隔的字符串。

Access：数据库操作

尽管Excel也可以作为一个数据库保存数据，但将工作簿当成数据库使用是不合理的。因此，当有大量的数据要保存时，应当使用数据库，如Access数据库，而不是Excel工作簿。

本章主要介绍利用Excel VBA访问Access数据库的实用技巧。通过这些技巧将Access与Excel结合起来开发各种应用系统。

16.1 创建Access数据库和数据表

尽管可以通过 Access 应用程序来创建数据库，但这里只介绍利用 Excel VBA 创建 Access 数据库的方法，而且这些方法并不局限于 Access 数据库。

代码 16001 创建 Access 数据库和数据表：ADO+ADOX

在利用ADO创建Access数据库之前，首先要引用下面的两个项目。

● ADO对象库。Microsoft ActiveX Data Objects 2.x Library。

● ADOX对象库。Microsoft ADO Ext.2.x for DDL and Security。

下面的代码是利用ADO对象来创建Access数据库和数据表，具体要求如下。

● 文件名：客户管理.accdb。

● 数据表：客户信息。

● 字段及属性：客户编号（文本型数据，字段长度10）；客户名称（文本型数据，字段长度30）；联系地址（文本型数据，字段长度50）；联系电话（文本型数据，字段长度20）；联系人（文本型数据，字段长度10）和Email（文本型数据，字段长度50）。

```
Sub 代码16001()
    Dim myCat As New ADOX.Catalog
    Dim cnn As ADODB.Connection
    Dim myCmd As ADODB.Command
    Dim fName As String
    Dim tTable As String

    '设置包括完整路径的数据库文件名
    fName = ThisWorkbook.Path & "\客户管理.accdb"
    tTable = "客户信息"

    '如果有同名的数据库文件，就删除它
    On Error Resume Next
    Kill fName
```

```
    On Error GoTo 0


    '创建新数据库文件
    myCat.Create "Provider=microsoft.ace.oledb.12.0;Data Source=" & fName
    Set cnn = myCat.ActiveConnection


    '创建数据表"客户信息"
    Set myCmd = New ADODB.Command
    Set myCmd.ActiveConnection = cnn
    myCmd.CommandText = "CREATE TABLE " & tTable & _
        "(客户编号 text(10),客户名称 text(30),联系地址 text(50)," _
        & "联系电话 text(20),联系人 text(10),Email text(50))"
    myCmd.Execute , , adCmdText


    MsgBox "创建数据库成功! " & vbCrLf _
        & "数据库文件名为:" & fName & vbCrLf _
        & "数据表名称为:" & tTable & vbCrLf _
        & "保存位置: 当前工作簿所在的文件夹。", _
        vbOKOnly + vbInformation, "创建Access数据库"
End Sub
```

代码 16002 为现有 Access 数据库添加数据表：ADO+SQL

下面的代码是利用CREATE TABLE语句，在数据库"客户管理.accdb"中创建一个名字为"销售记录"的数据表，该数据表的字段设计如下。

- 日期: 日期/时间, 不允许为空。
- 客户名称: 文本型, 长度值为30, 不允许为空。
- 产品: 文本型, 长度值为5, 不允许为空。
- 销量: 整数型, 不允许为空。
- 备注: 文本型, 长度值为50, 允许为空。

```
Sub 代码16002()
    Dim cnn As New ADODB.Connection
    Dim cmd As New ADODB.Command
```

```
Dim rs As New ADODB.Recordset
Dim myData As String
Dim myTable As String
Dim SQL As String
myData = ThisWorkbook.Path & "\客户管理.accdb"    '指定数据库
myTable = "销售记录"                              '指定要创建的数据表名称
'建立与数据库的连接
cnn.ConnectionString = "Provider=microsoft.ace.oledb.12.0;" _
    & "Data Source=" & myData
cnn.Open
'判断数据库中是否已经存在同名的数据表
Set rs = cnn.OpenSchema(adSchemaTables)
Do While Not rs.EOF
    If LCase(rs!TABLE_NAME) = LCase(myTable) Then
        MsgBox "数据表已经存在！", vbCritical, "警告"
        Exit Sub
    End If
    rs.MoveNext
Loop
Set cmd.ActiveConnection = cnn
'设置创建数据表的SQL语句
SQL = "CREATE TABLE " & myTable _
    & "(日期 date not null," _
    & "客户名称 text(30) not null," _
    & "产品 text(5) not null," _
    & "销量 Integer not null," _
    & "备注 text(50))"
'利用Execute方法创建数据表
With cmd
    .CommandText = SQL
    .Execute , , adCmdText
End With
'释放变量
```

```
        cnn.Close
        Set rs = Nothing
        Set cmd = Nothing
        Set cnn = Nothing
        '弹出信息
        MsgBox "数据表<" & myTable & ">创建成功！", vbInformation, "创建数据表"
End Sub
```

16.2 获取Access数据库信息

为了能够正确地操作 Access 数据库，首先需要了解数据库的有关信息，例如，是否存在要操作的数据表、是否存在某字段、字段的数据类型和长度为多少及数据库中存在的数据表名称是什么等。

代码 16003 检查数据表是否存在

在有些情况下，可能已经在数据库中添加了一个或几个数据表，而现在需要往数据库中添加另外一些数据表。如果要添加的数据表名称与已有的数据表名称相同，就会出现数据表已经存在的错误。因此，用户需要对数据库中是否存在某个数据表进行检查。

下面的代码是检查数据表是否存在。可以将其做成一个自定义函数，从而可以应用于任何场合。

要运行下面的程序，首先要引用项目Microsoft ActiveX Data Objects 2.x Library。

```
Sub 代码16003()
    Dim mydata As String, mytable As String
    Dim cnn As New ADODB.Connection
    Dim rs As ADODB.Recordset
    mydata = ThisWorkbook.Path & "\客户管理.accdb"    '指定数据库文件
    mytable = "客户信息"                              '指定要查询的数据表名称
    '建立与数据库的连接
    cnn.ConnectionString = "Provider=microsoft.ace.oledb.12.0;" _
        & "Data Source=" & mydata
```

```
cnn.Open
'开始查询是否存在该数据表
Set rs = cnn.OpenSchema(adSchemaTables)
Do Until rs.EOF
    If LCase(rs!table_name) = LCase(mytable) Then
        MsgBox "数据表 < " & mytable & " > 存在！"
        Exit Sub
    End If
    rs.MoveNext
Loop
MsgBox "数据表 " & mytable & " 不存在！"
End Sub
```

代码16004　获取数据库中所有数据表的名称

在有些情况下，可能需要知道某个数据库文件中有多少个数据表，这些数据表的名字是什么，以便有针对性地打开某个数据表，这时就需要获取所有数据表的名称。

下面的子程序是获取所有数据表的名称，并将数据表名称输出到当前活动工作表的A列。

要运行下面的程序，首先要引用项目Microsoft ADO Ext.2.x for DDL and Security。

```
Sub 代码16004()
    Dim mydata As String
    Dim mycat As New ADOX.Catalog

    mydata = ThisWorkbook.Path & "\客户管理.accdb"              '指定数据库文件
    mycat.ActiveConnection = "Provider=microsoft.ace.oledb.12.0;" _
            & "Data Source=" & mydata
    Msg = ""
    k = 1
    For i = 0 To mycat.Tables.Count − 1
        If Left(mycat.Tables.Item(i).Name, 4) <> "MSys" Then
            ActiveSheet.Cells(k, 1) = mycat.Tables.Item(i).Name
            k = k + 1
        End If
```

```
        Next i
    End Sub
```

检查字段是否存在的方法与检查数据表是否存在的方法是一样的。

下面是检查字段是否存在的程序代码。要运行下面的程序，首先要引用项目Microsoft
ActiveX Data Objects 2.x Library。

```
Sub 代码16005()
    Dim mydata As String, mytable As String, mycolumn As String
    Dim cnn As ADODB.Connection
    Dim rs As ADODB.Recordset
    mydata = ThisWorkbook.Path & "\客户管理.accdb"    '指定数据库
    mytable = "客户资料"                              '指定数据表
    mycolumn = "客户名称"                             '指定要检查是否存在的字段名称
    '建立与数据库的连接
    Set cnn = New ADODB.Connection
    With cnn
        .Provider = "microsoft.ace.oledb.12.0"
        .Open mydata
    End With
    '开始检查该字段是否存在
    Set rs = cnn.OpenSchema(adSchemaColumns)
    Do Until rs.EOF
        If LCase(rs!column_name) = LCase(mycolumn) Then
            MsgBox "在数据表<" & mytable & ">中，存在字段< " & mycolumn & ">！ "
            Exit Sub
        End If
        rs.MoveNext
    Loop
    MsgBox "在数据表 " & mytable & "中，不存在字段 " & mycolumn & " ！ "
End Sub
```

代码 16006 获取数据库中某数据表的所有字段信息

下面的代码是利用ADO来获取数据库中某数据表的所有字段信息，包括字段名称、字段类型、字段大小等，并将信息数据输出到工作表中。

要运行下面的程序，首先要引用项目Microsoft ActiveX Data Objects 2.x Library。

```
Sub 代码16006()
    Dim mydata As String, mytable As String
    Dim cnn As ADODB.Connection
    Dim rs As ADODB.Recordset
    Dim myField As ADODB.Field
    Dim FieldType As String, FieldLong As Integer
    mydata = ThisWorkbook.Path & "\客户管理.accdb"          '指定数据库
    mytable = "销售记录"                                     '指定数据表
    '建立与数据库的连接
    Set cnn = New ADODB.Connection
    With cnn
        .Provider = "microsoft.ace.oledb.12.0"
        .Open mydata
    End With
    '查询数据表
    Set rs = New ADODB.Recordset
    rs.Open mytable, cnn, adOpenKeyset, adLockOptimistic
    '查询字段数据类型和大小
    With ActiveSheet
        .Cells.Clear
        .Range("A1:C1") = Array("字段名称", "字段类型", "字段大小")
        k = 2
        For Each myField In rs.Fields
            '将字段名称、类型和大小输出到工作表
            .Range("A" & k) = myField.Name
            .Range("B" & k) = myField.Type
            .Range("C" & k) = myField.DefinedSize
            k = k + 1
```

```
      Next
   End With
End Sub
```

16.3 查询获取Access数据库数据

本节介绍一些常用的查询获取 Access 数据库数据的方法，这些方法主要是利用 ADO 和 SQL 来实现各种条件的查询，并将查询结果复制到工作表，或者将查询数据输出到窗体控件。

本节所有示例都是以一个名字为“店铺分析.accdb”的数据库为基础的，以该数据库内的数据表“8月报表”为示例数据，如图16-1所示。

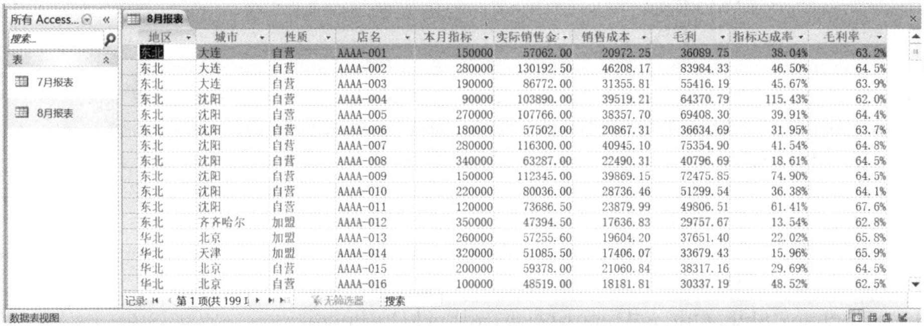

地区	城市	性质	店名	本月指标	实际销售金	销售成本	毛利	指标达成率	毛利率
东北	大连	自营	AAAA-001	150000	57062.00	20972.25	36089.75	38.04%	63.2%
东北	大连	自营	AAAA-002	280000	130192.50	46208.17	83984.33	46.50%	64.5%
东北	大连	自营	AAAA-003	190000	86772.00	31355.81	55416.19	45.67%	63.9%
东北	沈阳	自营	AAAA-004	90000	103890.00	39519.21	64370.79	115.43%	62.0%
东北	沈阳	自营	AAAA-005	270000	107766.00	38357.70	69408.30	39.91%	64.4%
东北	沈阳	自营	AAAA-006	180000	57502.00	20867.31	36634.69	31.95%	63.7%
东北	沈阳	自营	AAAA-007	280000	116300.00	40945.10	75354.90	41.54%	64.8%
东北	沈阳	自营	AAAA-008	340000	63287.00	22490.31	40796.69	18.61%	64.5%
东北	沈阳	自营	AAAA-009	150000	112345.00	39869.15	72475.85	74.90%	64.5%
东北	沈阳	自营	AAAA-010	220000	80036.00	28736.46	51299.54	36.38%	64.1%
东北	沈阳	自营	AAAA-011	120000	73686.50	23879.99	49806.51	61.41%	67.6%
东北	齐齐哈尔	加盟	AAAA-012	350000	47394.50	17636.83	29757.67	13.54%	62.8%
华北	北京	加盟	AAAA-013	260000	57255.60	19604.20	37651.40	22.02%	65.8%
华北	天津	加盟	AAAA-014	320000	51085.50	17406.07	33679.43	15.96%	65.9%
华北	北京	自营	AAAA-015	200000	59378.00	21060.84	38317.16	29.69%	64.5%
华北	北京	自营	AAAA-016	100000	48519.00	18181.81	30337.19	48.52%	62.5%

图16-1　Access数据库示例数据

代码 16007　将全部数据导入到 Excel 工作表：ListObjects 方法

可以通过Excel的“自Access”命令来获取Access数据库数据，这个命令的简要VBA代码是获取指定Access数据库里的指定数据表的全部数据。参考代码如下。

```
Sub 代码16007()
   Dim mydata As String, mytable As String
   mydata = ThisWorkbook.Path & "\店铺分析.accdb"              '指定数据库
   mytable = "8月报表"                                        '指定数据表
```

```
ActiveSheet.Cells.Clear
With ActiveSheet.ListObjects.Add( _
   SourceType:=0, _
   Source:=Array("OLEDB;Provider=Microsoft.ACE.OLEDB.12.0;" _
            & "Data Source=" & mydata), _
   Destination:=Range("A1")).QueryTable
   .CommandType = xlCmdTable
   .CommandText = Array(mytable)
   .AdjustColumnWidth = True
   .Refresh
End With
End Sub
```

代码16008　将全部数据导入到 Excel 工作表：ADO+SQL

也可以使用ADO+SQL来获取Access数据库数据。参考代码如下。

```
Sub 代码16008()
   Dim mydata As String, mytable As String, SQL As String
   Dim cnn As ADODB.Connection
   Dim rs As ADODB.Recordset
   Dim i As Integer
   Dim ws As Worksheet
   Set ws = ThisWorkbook.Worksheets(1)
   ws.Cells.Clear
   mydata = ThisWorkbook.Path & "\店铺分析.accdb"        '指定数据库
   mytable = "8月报表"                                   '指定数据表
   '建立与数据库的连接
   Set cnn = New ADODB.Connection
   With cnn
      .Provider = "microsoft.ace.oledb.12.0"
      .Open mydata
   End With
   '查询数据表
   SQL = "select * from " & mytable
```

```
    Set rs = New ADODB.Recordset
    rs.Open SQL, cnn, adOpenKeyset, adLockOptimistic
    '复制字段名
    For i = 1 To rs.Fields.Count
        ws.Cells(1, i) = rs.Fields(i – 1).Name
    Next i
    '复制全部数据
    ws.Range("A2").CopyFromRecordset rs
End Sub
```

代码16009 将满足条件的数据导入到 Excel 工作表：ADO+SQL

可以利用ADO和SQL语句获取Access数据库中满足条件的数据。

前面介绍的利用ADO对工作簿数据进行查询的各种SQL条件组合，同样也可以使用Access数据库查询。

例如，要从"8月报表"中提取出指标达成率在90%以上的自营店数据，并将实际销售金额按降序排序，参考代码如下。

```
Sub 代码16009()
    Dim mydata As String, mytable As String, SQL As String
    Dim cnn As ADODB.Connection
    Dim rs As ADODB.Recordset
    Dim i As Integer
    Dim ws As Worksheet
    Set ws = ThisWorkbook.Worksheets(1)
    ws.Cells.Clear
    mydata = ThisWorkbook.Path & "\店铺分析.accdb"        '指定数据库
    mytable = "8月报表"                                   '指定数据表
    '建立与数据库的连接
    Set cnn = New ADODB.Connection
    With cnn
        .Provider = "microsoft.ace.oledb.12.0"
        .Open mydata
    End With
    '查询数据表
    SQL = "select * from " & mytable _
```

```
            & " where 指标达成率>0.9 " _
            & " and 性质='自营' " _
            & " order by 实际销售金额 desc"
        Set rs = New ADODB.Recordset
        rs.Open SQL, cnn, adOpenKeyset, adLockOptimistic
        '复制字段名
        For i = 1 To rs.Fields.Count
            ws.Cells(1, i) = rs.Fields(i - 1).Name
        Next i
        '复制全部数据
        ws.Range("A2").CopyFromRecordset rs
End Sub
```

16.4　编辑Access数据库数据

> 本节将介绍一些添加、更新、删除 Access 数据库数据的方法，这些方法主要是利用 ADO 和 SQL 来实现的，因此请先引用 ADO 对象库 Microsoft ActiveX Data Objects 2.x Library。

本节所有示例都是以一个名字为"销售管理.accdb"的数据库为基础，对其数据表"供货商信息"的数据进行管理。数据表结构及示例数据如图 16–2 所示。

图16–2　示例数据

代码 16010　添加新记录

利用ADO的AddNew方法可以在数据表中添加新记录，然后再利用ADO的Update方法更新数据表。

下面的代码是将一个新记录添加到数据表"供货商信息"中。新记录的资料如下。

- 供货商代码：CBY208。
- 供货商名称：杭州新宇信息技术有限公司。
- 地区：浙江。
- 供货范围：网络系统。

```
Sub 代码16010()
    Dim mydata As String, mytable As String, SQL As String, myArray As Variant
    Dim cnn As ADODB.Connection
    Dim rs As ADODB.Recordset
    Dim i As Integer
    mydata = ThisWorkbook.Path & "\销售管理.accdb"            '指定数据库
    mytable = "供货商信息"                                    '指定数据表
    myArray = Array("CBY208", "杭州新宇信息技术有限公司", "浙江", "网络系统")
    '建立与数据库的连接
    Set cnn = New ADODB.Connection
    With cnn
        .Provider = "microsoft.ace.oledb.12.0"
        .Open mydata
    End With
    '查询数据表
    SQL = "select * from " & mytable
    Set rs = New ADODB.Recordset
    rs.Open SQL, cnn, adOpenKeyset, adLockOptimistic

    '添加记录
    With rs
        .AddNew
        For i = 0 To rs.Fields.Count - 1
            .Fields(i) = myArray(i)
```

```
        Next i
        .Update
    End With


    MsgBox "数据添加完毕"
End Sub
```

代码 16011　修改更新记录

利用Update方法和Set关键字，就可以对数据表已有的记录进行修改更新。
下面的代码是将编码为GHS010的供货范围修改为"前导控制器H-20"。

```
Sub 代码16011()
    Dim mydata As String, mytable As String, SQL As String
    Dim cnn As ADODB.Connection
    Dim rs As ADODB.Recordset
    mydata = ThisWorkbook.Path & "\销售管理.accdb"          '指定数据库
    mytable = "供货商信息"                                   '指定数据表
    '建立与数据库的连接
    Set cnn = New ADODB.Connection
    With cnn
        .Provider = "microsoft.ace.oledb.12.0"
        .Open mydata
    End With
    '查询更新数据表
    SQL = "update " & mytable & " set 供货范围='前导控制器H-20' " _
        & "where 供货商代码='GHS010'"
    Set rs = New ADODB.Recordset
    rs.Open SQL, cnn, adOpenKeyset, adLockOptimistic


    MsgBox "数据更新完毕"
End Sub
```

删除特定的记录

利用Delete关键字可以将数据表的某个特定的记录删除。
下面的代码是将供货商代码为CBY208的供货商数据删除。

```
Sub 代码16012()
    Dim mydata As String, mytable As String, SQL As String
    Dim cnn As ADODB.Connection
    Dim rs As ADODB.Recordset
    mydata = ThisWorkbook.Path & "\销售管理.accdb"          '指定数据库
    mytable = "供货商信息"                                  '指定数据表
    '建立与数据库的连接
    Set cnn = New ADODB.Connection
    With cnn
        .Provider = "microsoft.ace.oledb.12.0"
        .Open mydata
    End With
    '查询更新数据表
    SQL = "delete from " & mytable & " where 供货商代码='CBY208'"
    Set rs = New ADODB.Recordset
    rs.Open SQL, cnn, adOpenKeyset, adLockOptimistic

    MsgBox "数据已经删除"
End Sub
```

代码 16013 删除全部记录

利用Delete关键字，也可以删除数据表的全部记录。
下面的代码是删除数据表"销售记录"的全部记录。

```
Sub 代码16013()
    Dim mydata As String, mytable As String, SQL As String
    Dim cnn As ADODB.Connection
    Dim rs As ADODB.Recordset
```

```
mydata = ThisWorkbook.Path & "\销售管理.accdb"          '指定数据库
mytable = "销售记录"                                    '指定数据表
'建立与数据库的连接
Set cnn = New ADODB.Connection
With cnn
    .Provider = "microsoft.ace.oledb.12.0"
    .Open mydata
End With
'查询更新数据表
SQL = "delete from " & mytable
Set rs = New ADODB.Recordset
rs.Open SQL, cnn, adOpenKeyset, adLockOptimistic
MsgBox "数据已经全部删除"
End Sub
```

16.5　将工作表数据导入到Access数据库

在很多情况下，需要将 Excel 工作表的全部数据或部分数据导入到 Access 数据库中。本节将介绍几个方法和技巧。

代码 16014　将整个工作表数据都保存到 Access 数据库

下面的代码是利用TransferSpreadsheet方法，将指定工作簿的第一个工作表的全部数据保存到一个名称为"自营店.accdb"数据库的"汇总表"中。

为了使程序能够运行，首先需要引用Microsoft Access对象库Microsoft Access x.0 Object Library，不同版本的Access对象库名称略有不同。

```
Sub 代码16014()
    Dim mydata As String, myFile As String, myTable As String
    Dim myaccess As Access.Application
    Dim myCmd As ADODB.Command
```

```
    myFile = ThisWorkbook.FullName                      '指定工作簿名称

    mydata = ThisWorkbook.Path & "\自营店.accdb"        '指定数据库名称(包括完整路径)
    myTable = "汇总表"                                   '指定数据表名称


    On Error Resume Next
    Kill mydata                                          '删除原有的同名文件
    On Error GoTo 0


    '创建数据库文件
    Set myaccess = CreateObject("Access.Application")
    myaccess.NewCurrentDatabase mydata


    '将搜索到的工作簿数据导入Access数据库
    DoCmd.TransferSpreadsheet acImport, 8, myTable, myFile, True, ""
    MsgBox "工作簿数据导入数据库成功! ", vbInformation + vbOKOnly
    myaccess.CloseCurrentDatabase
End Sub
```

代码16015 将工作表的某些数据保存到 Access 数据库

如果要将工作表的部分单元格数据保存到数据库，只需将语句

```
DoCmd.TransferSpreadsheet acImport, 8, myTable, myFile, True, ""
```

改为

```
DoCmd.TransferSpreadsheet acImport, 8, myTable, myfile, True, Rng
```

其中，Rng为指定要保存到数据库的工作表单元格区域字符串。例如，要将工作表Sheet1的单元格区域A1:B6的数据保存到数据库，则Rng = "Sheet1!A1:B6"。

下面的代码是将当前工作簿的工作表Sheet1的单元格区域A1:E10的数据，保存到数据库"部分数据.accdb"的"局部表"数据表中。

```
Sub 代码16015()
    Dim mydata As String, myFile As String, myTable
    Dim myRange As String
```

```
        Dim myaccess As Access.Application
        Dim myCmd As ADODB.Command

        mydata = ThisWorkbook.Path & "\部分数据.accdb"    '指定数据库名称(包括完整路径)
        myFile = ThisWorkbook.FullName                   '指定工作簿名称
        myTable = "局部表"                               '指定数据表名称
        myRange = "Sheet1!A1:E10"                        '指定要导入数据的单元格区域字符串

        On Error Resume Next
        Kill mydata      '删除原有的同名文件
        On Error GoTo 0

        '创建数据库文件
        Set myaccess = CreateObject("Access.Application")
        myaccess.NewCurrentDatabase mydata

        '将搜索到的工作簿数据导入Access数据库
        DoCmd.TransferSpreadsheet acImport, 8, myTable, myFile, True, myRange
        MsgBox "工作簿数据导入数据库成功！ ", vbInformation + vbOKOnly
        myaccess.CloseCurrentDatabase
End Sub
```

17

File和Folder：操作文件和文件夹

在实际工作中，可能需要访问、创建、复制和删除一些文件和文件夹。利用VBA的有关函数和语句，可以很方便地获得当前文件夹的名称，更改文件和文件夹名称，检查文件或文件夹是否存在于某硬盘上，获取文件最后修改的日期和时间，获取文件大小，检查和更改文件属性，更改默认文件夹或者硬盘，创建和删除文件夹，以及复制和删除文件或文件夹等。

17.1 VBA的文件基本操作方法

本节介绍如何利用 VBA 来操作文件和文件夹，并提供一些参考代码。

代码 17001 获取文件夹内的所有文件

下面的代码是利用Dir函数来获取指定文件夹内的所有文件。因为每执行一次Dir函数只能获得一个文件，所以需要使用循环语句来获取全部文件。

```
Sub 代码17001()
    Dim fPath As String
    Dim fName As String
    Dim i As Long
    fPath = ThisWorkbook.Path & "\"              '指定文件夹
    fName = Dir(fPath, 0)
    i = 0
    Do While Len(fName) > 0
        Cells(i + 1, 1) = fPath & fName
        fName = Dir()
        i = i + 1
    Loop
    MsgBox "该文件夹里有" & i & "个文件"
End Sub
```

代码 17002 判断文件是否存在

下面的代码是利用Dir函数来判断在指定文件夹里是否存在某文件。如果文件不存在，那么Dir函数就返回空字符串（""）。

```
Sub 代码17002()
    Dim fName As String
    '指定带完整目录的文件名称
```

```
    fName = ThisWorkbook.Path & "\代码17001.xlsm"
    If Len(Dir(fName, vbDirectory)) > 0 Then
        If Dir(fName) <> "" Then
            MsgBox "该文件存在"
        Else
            MsgBox "该文件不存在"
        End If
    Else
        MsgBox "所指定的文件夹或文件不存在"
    End If
End Sub
```

代码 17003 复制文件

使用FileCopy语句可以实现在文件夹之间复制文件。

下面的代码是将当前工作簿所在文件夹内的文件test.txt复制到本文件夹下的子文件夹hhh中，文件名不变。

```
Sub 代码17003()
    Dim fName As String, fDes As String
    On Error GoTo AAA
    fName = ThisWorkbook.Path & "\test.txt"
    fDes = ThisWorkbook.Path & "\hhh\test.txt"
    FileCopy fName, fDes
    MsgBox "复制成功!"
    Exit Sub
AAA:
    If Err.Number <> 0 Then
        MsgBox "无法复制该文件!"
    End If
End Sub
```

代码17004　**移动文件**

利用Name语句可以将文件从一个文件夹移动到另外一个文件夹，此时，两个文件夹里的文件名必须相同。

下面的代码是将当前工作簿所在文件夹内的文件test.txt移动到本文件夹的子文件夹testfile中。

```
Sub 代码17004()
    Dim OldName As String
    Dim NewName As String
    OldName = ThisWorkbook.Path & "\test.txt"              '原文件名
    NewName = ThisWorkbook.Path & "\testfile\test.txt"     '新文件名
    Name OldName As NewName         '不更改文件名,但将其移动到另外一个文件夹中
    MsgBox "文件已经被移动了"
End Sub
```

代码17005　**更改文件名**

更改文件名也需要利用Name语句。

下面的代码是在相同的文件夹内重命名文件并将其保存在另外一个文件夹。

```
Sub 代码17005()
    Dim OldName As String, NewName As String
    OldName = ThisWorkbook.Path & "\test.txt"        '原文件名
    NewName = ThisWorkbook.Path & "\test_1.txt"      '新文件名
    Name OldName As NewName                          '在同一个文件夹更改文件名

    OldName = ThisWorkbook.Path & "\test_1.txt"      '原文件名
    NewName = ThisWorkbook.Path & "\hhh\test.txt"    '新文件名
    Name OldName As NewName                          '更改文件名,并保存到另一个文件夹
End Sub
```

代码 **17006** 删除文件

如果要从文件夹内删除文件可以使用Kill语句。

下面的代码是删除当前工作簿所在文件夹的子文件夹里的文件test.txt。

一般情况下，为了避免在没有文件可删除时出现错误，可以设置错误处理程序，这样，不论要删除的文件是否存在，都能够使程序继续运行。

```
Sub 代码17006()
    Dim fName As String
    fName = ThisWorkbook.Path & "\hhh\test_1.txt"
    On Error Resume Next
    Kill fName
    On Error GoTo 0
End Sub
```

代码 **17007** 获得文件的修改日期和时间

使用FileDateTime函数可以获取某文件的最后修改日期和时间。下面的程序是获取当前工作簿文件的最后修改日期和时间。

```
Sub 代码17007()
    Dim fName As String
    fName = ThisWorkbook.FullName          '指定文件名
    MsgBox "该文件的最后修改时间:" & FileDateTime(fName)
End Sub
```

代码 **17008** 获得文件大小

使用FileLen函数可以获得文件的大小。FileLen函数返回一个Long类型的值，代表一个文件的长度，单位一般是字节（B）。

下面的代码是获取当前工作簿文件的大小（指定以KB为单位）。

```
Sub 代码17008()
    Dim fName As String
    fName = ThisWorkbook.FullName          '指定文件名
```

```
      MsgBox "该文件的大小为:" & Round(FileLen(fName) / 1024, 2) & " KB"
End Sub
```

代码 17009　获取文件的属性

文件和文件夹具有"只读""隐藏""系统"和"档案"等属性，可以使用GetAttr语句来获得文件或文件夹的属性。下面的代码是获取当前工作簿文件的有关属性。

```
Sub 代码17009()
    Dim fName As String
    fName = ThisWorkbook.FullName          '指定文件名
    Select Case True
        Case GetAttr(fName) And vbNormal
            MsgBox "常规文件"
        Case GetAttr(fName) And vbReadOnly
            MsgBox "只读文件"
        Case GetAttr(fName) And vbHidden
            MsgBox "隐藏文件"
        Case GetAttr(fName) And vbSystem
            MsgBox "系统文件"
        Case GetAttr(fName) And vbArchive
            MsgBox "最后一次修改的备份文件"
    End Select
End Sub
```

代码 17010　设置文件的属性

使用SetAttr语句，可以对文件的属性进行设置。
下面的代码是将当前工作簿文件的属性设置为"只读"。

```
Sub 代码17010()
    Dim fName As String
    fName = ThisWorkbook.FullName          '指定文件名
    SetAttr fName, vbReadOnly
End Sub
```

17.2 利用VBA标准功能文件夹的基本操作方法

介绍了操作文件的一些基本方法和技巧后，下面介绍几个操作文件夹的基本方法和技巧。

代码 17011 判断文件夹是否存在

利用Dir函数来判断指定文件夹是否存在。

这里主要是利用了"如果文件夹不存在，Dir函数就会返回空字符串（""）"这一性质。参考代码如下。

```
Sub 代码17011()
    Dim fFolder As String
    fFolder = "d:\temp"                        '指定文件夹名称
    If Len(Dir(fFolder, vbDirectory)) > 0 Then
        MsgBox "文件夹" & fFolder & "存在"
    Else
        MsgBox "文件夹" & fFolder & "不存在"
    End If
End Sub
```

代码 17012 创建文件夹

使用MkDir语句可以创建文件夹。

下面的代码是在创建文件夹之前，会首先检查文件夹是否存在，如果存在，就退出程序。

```
Sub 代码17012()
    Dim fFolder As String
    fFolder = ThisWorkbook.Path & "\hhha"      '指定文件夹名称
    If Len(Dir(fFolder, vbDirectory)) > 0 Then
        MsgBox "文件夹 " & fFolder & " 已经存在"
    Else
```

```
    MkDir fFolder
    MsgBox "文件夹 " & fFolder & " 创建成功"
  End If
End Sub
```

代码 17013　获取当前的文件夹

利用CurDir函数可以获取当前的文件夹。参考代码如下。

```
Sub 代码17013()
  Dim fFolder As String
  fFolder = CurDir
  MsgBox "当前文件夹为: " & fFolder
End Sub
```

代码 17014　移动文件夹

利用Name语句可以将文件夹从一个文件夹移到另一个文件夹。

下面的代码是将当前工作簿所在文件夹的子文件夹hhh，移动到本文件夹的另一个子文件夹testfile中。

```
Sub 代码17014()
  Dim oldFolder As String
  Dim newFolder As String
  oldFolder = ThisWorkbook.Path & "\hhh"          '要移动的文件夹
  newFolder = ThisWorkbook.Path & "\testfile\hhh"  '要移动的位置
  Name oldFolder As newFolder
  MsgBox "文件夹" & oldFolder & "已经被移到了" & newFolder
End Sub
```

代码 17015　删除文件夹

使用RmDir语句可以删除一个空白文件夹。如果要删除的文件夹里有文件，则必须先将这些文件删除。

下面的代码就是试图删除当前工作簿所在文件夹的子文件夹hhh。

```
Public Sub 技巧18_019()
    Dim myFolder As String
    myFolder = ThisWorkbook.Path & "\hhh"                    '要删除的文件夹
    If Len(Dir(myFolder & "\")) > 0 Then
        MsgBox "文件夹" & myFolder & "里有文件,无法删除"
    Else
        RmDir myFolder
        MsgBox "文件夹" & myFolder & "已经被删除了"
    End If
End Sub
```

代码 17016　更改文件夹名

使用Name语句可以更改文件夹名。

下面的代码是将当前工作簿所在文件夹的子文件夹名hhh更名为hhh_text，然后再更名为hhh。

```
Sub 代码17016()
    oldFolderName = ThisWorkbook.Path & "\hhh"                '文件夹原名
    newFolderName = ThisWorkbook.Path & "\hhh_text"          '文件夹新名
    Name oldFolderName As newFolderName
    MsgBox "文件夹" & oldFolderName & "已经被更名为 " & newFolderName
    Name newFolderName As oldFolderName
    MsgBox "文件夹" & newFolderName & "已经被更名为 " & oldFolderName
End Sub
```

代码 17017　获取文件夹的属性

使用GetAttr语句可以获得文件夹的属性。

下面的代码是获取当前工作簿所在文件夹的属性。

```
Sub 代码17017()
    Dim fFolder As String
    fFolder = ThisWorkbook.Path                              '指定文件夹
```

```
        Select Case True
            Case GetAttr(fFolder) And vbReadOnly
                MsgBox "只读文件夹"
            Case GetAttr(fFolder) And vbHidden
                MsgBox "隐藏文件夹"
            Case GetAttr(fFolder) And vbArchive
                MsgBox "最后一次修改的文件夹"
            Case GetAttr(fFolder) And vbDirectory
                MsgBox "目录或文件夹"
        End Select
    End Sub
```

17.3 利用FSO文件对象模型操作文件

FSO 文件对象模型（File System Object）用来处理文件夹和文件是非常方便的。可以使用FSO的属性、方法和事件来创建文件，插入、修改数据以及读写数据，并且能够创建、改变、移动和删除文件夹，或者检测是否存在指定的文件夹，获取文件夹的有关信息，从而更加简便地管理文件。

FSO文件对象模型包含在Windows Scripting Host类型库中，为了方便使用它，需要先引用Microsoft Scripting Runtime，如图17-1所示。

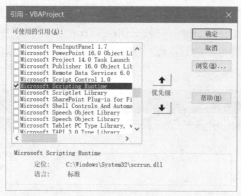

图17-1　引用Microsoft Scripting Runtime

代码 17018 判断文件是否存在（FileExists）

利用FSO对象的FileExists方法可以判断文件是否存在。参考代码如下。

```
Sub 代码17018()
    Dim fName As String
    Dim fso As New Scripting.FileSystemObject
    fName = ThisWorkbook.Path & "\test.txt"          '指定带完整路径的文件名
    If fso.FileExists(fName) = True Then
        MsgBox "文件 " & fName & " 存在"
    Else
        MsgBox "文件 " & fName & " 不存在"
    End If
End Sub
```

代码 17019 复制文件（CopyFile）

利用FSO的CopyFile方法可以复制某个文件。参考代码如下。

```
Sub 代码17019()
    Dim fName As String
    Dim newPath As String
    Dim fso As New Scripting.FileSystemObject
    fName = ThisWorkbook.FullName                    '指定要复制的文件
    newPath = ThisWorkbook.Path & "\hhh\"            '指定要复制的位置
    fso.CopyFile fName, newPath, overwritefiles:=True
    MsgBox "已经将文件 " & fName & " 复制到文件夹 " & newPath
End Sub
```

● 注意

复制目标文件夹最后必须带 "\"，此外，程序还设定了允许覆盖已经存在的同名文件（overwritefiles:=True）。

代码 17020　移动文件（MoveFile）

利用FSO的MoveFile方法可以移动某个文件。参考代码如下。

```
Sub 代码17020()
    Dim fName As String
    Dim fPath As String
    Dim NewPath As String
    Dim fso As New Scripting.FileSystemObject
    fName = "test.txt"                          '要移动的文件
    fPath = ThisWorkbook.Path & "\"
    NewPath = ThisWorkbook.Path & "\hhh\"       '要移动的位置
    If fso.FileExists(fName) Then
        If fso.FileExists(NewPath & fName) Then
            MsgBox "该文件夹已经有相同名称的文件存在，不能移动文件"
            Exit Sub
        End If
        fso.MoveFile fName, NewPath
        MsgBox "已经将文件 " & fName & " 移到了文件夹 " & NewPath
    Else
        MsgBox "要移动的文件不存在"
    End If
End Sub
```

注意

为了避免移动不存在的文件而出现错误，在程序中设置了判断文件是否存在的语句。

代码 17021　删除文件（DeleteFile）

利用FSO的DeleteFile方法，可以删除某个文件。参考代码如下。

```
Sub 代码17021()
    Dim fName As String
    Dim myNewFilePath As String
    Dim fso As New Scripting.FileSystemObject
```

```
    fName = ThisWorkbook.Path & "\hhh\代码17019.xlsm"        '要删除的文件
    If fso.FileExists(fName) Then
        fso.DeleteFile fName
        MsgBox "已经将文件 " & fName & " 删除"
    Else
        MsgBox "要删除的文件不存在"
    End If
End Sub
```

注意

为了避免删除不存在的文件而出现错误，在程序中设置了判断文件是否存在的语句。

代码17022　获取文件所在的文件夹（GetFile，ParentFolder）

利用FSO的GetFile方法和File对象及其有关属性可以获取文件的有关信息资料。
使用ParentFolder属性可以获取指定文件所在的文件夹。参考代码如下。

```
Sub 代码17022()
    Dim fso As New FileSystemObject
    Dim fName As String
    Dim fPath As String
    fName = ThisWorkbook.Name                '指定文件
    fPath = fso.GetFile(fName).ParentFolder
    MsgBox "文件所在文件夹：" & fPath
End Sub
```

代码17023　获取文件所在的驱动器（GetFile，Drive）

使用Drive属性可以获取指定文件所在的驱动器。参考代码如下。

```
Sub 代码17023()
    Dim fso As New FileSystemObject
    Dim fName As String
    Dim fDrive As String
```

```
    fName = ThisWorkbook.Name              '指定文件
    fDrive = fso.GetFile(fName).Drive
    MsgBox "文件所在的驱动器是：" & fDrive
End Sub
```

代码 17024　获取文件类型（GetFile，Type）

下面的代码是使用Type属性来获取指定文件的类型。

```
Sub 代码17024()
    Dim fso As New FileSystemObject
    Dim fName As String
    Dim fType As String
    fName = ThisWorkbook.Name              '指定文件
    fType = fso.GetFile(fName).Type
    MsgBox "文件类型是：" & fType
End Sub
```

代码 17025　获取文件大小（GetFile，Size）

下面的代码是使用Size属性来获取指定文件的大小，并换算为以KB为单位。

```
Sub 代码17025()
    Dim fso As New FileSystemObject
    Dim fName As String
    Dim fSize As String
    fName = ThisWorkbook.Name              '指定文件
    fSize = fso.GetFile(fName).Size
    MsgBox "文件大小（KB）：" & Int(fSize / 1024)
End Sub
```

代码 17026　获取文件的创建日期（GetFile，DateCreated）

下面的代码是使用DateCreated属性来获取指定文件的创建日期。

```
Sub 代码17026()
    Dim fso As New FileSystemObject
    Dim fName As String
    Dim fDateCreated As Date
    fName = ThisWorkbook.Name                    '指定文件
    fDateCreated = fso.GetFile(fName).DateCreated
    MsgBox "文件创建日期: " & fDateCreated
End Sub
```

代码 17027 获取文件的最近一次访问日期（GetFile，DateLastAccessed）

下面的代码是使用DateLastAccessed属性来获取指定文件的最近一次访问日期。

```
Sub 代码17027()
    Dim fso As New FileSystemObject
    Dim fName As String
    Dim fDateLastAccessed As Date
    fName = ThisWorkbook.Name                    '指定文件
    fDateLastAccessed = fso.GetFile(fName).DateLastAccessed
    MsgBox "文件最近一次访问日期: " & fDateLastAccessed
End Sub
```

代码 17028 获取文件的最近一次修改日期（GetFile，DateLastModified）

下面的代码是使用DateLastModified属性来获取指定文件的最近一次修改日期。

```
Sub 代码17028()
    Dim fso As New FileSystemObject
    Dim fName As String
    Dim fDateLastModified As Date
    fName = ThisWorkbook.Name                    '指定文件
    fDateLastModified = fso.GetFile(fName).DateLastModified
    MsgBox "文件最近一次修改日期: " & fDateLastModified
End Sub
```

代码 17029 获取文件的基础名称（GetBaseName）

利用FSO的GetBaseName方法可以获取文件的基础名称（即去除路径和扩展名后的名称）。参考代码如下。

```
Sub 代码17029()
    Dim fso As New Scripting.FileSystemObject
    Dim fName As String
    fName = ThisWorkbook.Name               '指定文件
    MsgBox "该文件的基础名称为: " & fso.GetBaseName(fName)
End Sub
```

代码 17030 获取文件的扩展名（GetExtensionName）

利用FSO的GetExtensionName方法可以获取文件的扩展名。参考代码如下。

```
Sub 代码17030()
    Dim fso As New Scripting.FileSystemObject
    Dim fName As String
    fName = ThisWorkbook.FullName           '指定文件
    MsgBox "该文件的扩展名为: " & fso.GetExtensionName(fName)
End Sub
```

代码 17031 获取文件的全名（GetFileName）

利用FSO的GetFileName方法可以获取文件的全名（即基础名称加扩展名）。参考代码如下。

```
Sub 代码17031()
    Dim fso As New Scripting.FileSystemObject
    Dim fName As String
    fName = ThisWorkbook.FullName           '指定文件
    MsgBox "该文件的全名为: " & fso.GetFileName(fName)
End Sub
```

代码 17032 获取文件夹内的所有文件清单

利用FSO获取指定文件夹里的所有文件清单。下面的代码是获取指定文件夹内所有的文件名名称，并将其保存到工作表A列。

```
Sub 代码17032()
    Dim fso As New Scripting.FileSystemObject
    Dim fFile As Scripting.File
    Dim fPath As String
    fPath = ThisWorkbook.Path                        '指定文件夹
    For Each fFile In fso.GetFolder(fPath).Files
        Range("A10000").End(xlUp).Offset(1) = fFile.Name
    Next
End Sub
```

17.4 利用FSO文件对象模型操作文件夹

本节介绍利用 FSO 文件对象模型操作文件夹的一些技巧。在运行本节的示例代码之前，请先引用 Microsoft Scripting Runtime。

代码17033 判断文件夹是否存在（FolderExists）

利用FSO的FolderExists方法可以判断某个文件夹是否存在。参考代码如下。

```
Sub 代码17033()
    Dim fso As New Scripting.FileSystemObject
    Dim fFolder As String
    fFolder = ThisWorkbook.Path & "\hhh\"            '指定文件夹
    If fso.FolderExists(fFolder) = True Then
        MsgBox "文件夹 " & fFolder & " 存在"
    Else
        MsgBox "文件夹 " & fFolder & " 不存在"
    End If
End Sub
```

代码17034 复制文件夹（CopyFolder）

利用FSO的CopyFolder方法可以复制某个文件夹。下面的代码中设置了判断文件夹是否存在的语句，并覆盖已有的同名文件夹。

```
Sub 代码17034()
    Dim fso As New Scripting.FileSystemObject
    Dim fFolder As String
    Dim CFolder As String
    fFolder = ThisWorkbook.Path & "\hhh"              '指定复制的文件夹
    CFolder = ThisWorkbook.Path & "\testfile\"        '指定目标位置
    If fso.FolderExists(fFolder) = True Then
        fso.CopyFolder fFolder, CFolder, overwritefiles:=True
        MsgBox "文件夹 " & fFolder & " 连同文件一起被复制了"
    Else
        MsgBox "文件夹 " & fFolder & " 不存在，无法复制"
    End If
End Sub
```

代码 17035　移动文件夹（MoveFolder）

利用FSO的MoveFolder方法可以移动某个文件夹。参考代码如下。

```
Sub 代码17035()
    Dim fso As New Scripting.FileSystemObject
    Dim fFolder As String
    Dim CFolder As String
    fFolder = ThisWorkbook.Path & "\testfile"         '指定要移动的文件夹
    MFolder = ThisWorkbook.Path & "\hhh\"             '指定目标位置
    If fso.FolderExists(fFolder) = True Then
        fso.MoveFolder fFolder, MFolder
        MsgBox "已将文件夹 " & fFolder & " 移到了文件夹 " & MFolder
    Else
        MsgBox "文件夹 " & fFolder & " 不存在，无法移动"
    End If
End Sub
```

> **注意**
>
> 为了避免移动不存在的文件夹而出现的错误，在程序中设置了判断文件夹是否存在的语句。

代码 17036　删除文件夹（DeleteFolder）

利用FSO的DeleteFolder方法可以删除某个文件夹。

如果文件夹里有只读文件，则需要将参数force设置为True，否则会出错。参考代码如下。

```vba
Sub 代码17036()
    Dim fso As New Scripting.FileSystemObject
    Dim fFolder As String
    fFolder = ThisWorkbook.Path & "\testfile"          '指定要删除的文件夹
    If fso.FolderExists(fFolder) = True Then
        fso.DeleteFolder fFolder, True
        MsgBox "已将文件夹 " & fFolder & " 删除 "
    Else
        MsgBox "文件夹不存在，无法删除"
    End If
End Sub
```

> **注意**
>
> 在删除文件夹时，会将文件夹里的文件一起删除。

代码 17037　创建文件夹（CreateFolder）

利用FSO的CreateFolder方法可以创建新的文件夹。参考代码如下。

```vba
Sub 代码17037()
    Dim fso As New Scripting.FileSystemObject
    Dim fFolder As String
    fFolder = ThisWorkbook.Path & "\Temp"          '指定要创建的新文件夹名称
    If fso.FolderExists(fFolder) Then
        MsgBox "该文件夹已经存在，无法创建"
    Else
        fso.CreateFolder fFolder
```

```
        MsgBox "文件夹创建成功"
    End If
End Sub
```

代码 17038　获取文件夹所在父文件夹名称（GetFolder）

利用FSO的GetFolder方法和Folder对象及其有关属性，可以获取文件夹的有关信息资料。下面的代码是使用ParentFolder属性来获取指定文件夹所在的父文件夹名称。

```
Sub 代码17038()
    Dim fso As New Scripting.FileSystemObject
    Dim fFolder As String
    Dim x As Variant
    fFolder = ThisWorkbook.Path & "\hhh"        '指定文件夹
    x = fso.GetFolder(fFolder).ParentFolder
    MsgBox "该文件夹所在的父文件夹是:" & x
End Sub
```

代码 17039　获取文件夹所在的驱动器（Drive）

利用Drive属性可以获取文件夹所在的驱动器。参考代码如下。

```
Sub 代码17039()
    Dim fso As New Scripting.FileSystemObject
    Dim fFolder As String
    Dim x As Variant
    fFolder = ThisWorkbook.Path & "\hhh"        '指定文件夹
    x = fso.GetFolder(fFolder).Drive
    MsgBox "该文件夹所在的驱动器是:" & x
End Sub
```

代码 17040　获取文件夹的大小（Size）

利用Size属性可以获取文件夹的大小。参考代码如下。

```
Sub 代码17040()
    Dim fso As New Scripting.FileSystemObject
    Dim fFolder As String
    Dim x As Variant
    fFolder = ThisWorkbook.Path & "\hhh"        '指定文件夹
    x = fso.GetFolder(fFolder).Size
    MsgBox "该文件夹的大小:" & Int(x / 1024) & " KB"
End Sub
```

代码17041　获取文件夹的创建日期（DateCreated）

利用DateCreated属性可以获取文件夹的创建日期。参考代码如下。

```
Sub 代码17041()
    Dim fso As New Scripting.FileSystemObject
    Dim fFolder As String
    Dim x As Variant
    fFolder = ThisWorkbook.Path & "\hhh"        '指定文件夹
    x = fso.GetFolder(fFolder).DateCreated
    MsgBox "该文件夹的创建日期是:" & x
End Sub
```

代码17042　获取文件夹的最近一次访问日期（DateLastAccessed）

利用DateLastAccessed属性可以获取文件夹的最近一次访问日期。参考代码如下。

```
Sub 代码17042()
    Dim fso As New Scripting.FileSystemObject
    Dim fFolder As String
    Dim x As Variant
    fFolder = ThisWorkbook.Path & "\hhh"        '指定文件夹
    x = fso.GetFolder(fFolder).DateLastAccessed
    MsgBox "该文件夹的最近一次访问日期是:" & x
End Sub
```

代码17043　获取文件夹的最近一次修改日期（DateLastModified）

利用DateLastModified属性可以获取文件夹的最近一次修改日期。参考代码如下。

```
Sub 代码17043()
    Dim fso As New Scripting.FileSystemObject
    Dim fFolder As String
    Dim x As Variant
    fFolder = ThisWorkbook.Path & "\hhh"        '指定文件夹
    x = fso.GetFolder(fFolder).DateLastModified
    MsgBox "该文件夹的最近一次修改日期是:" & x
End Sub
```

代码17044　获取文件夹里的所有子文件夹名（SubFolders）

利用FSO的GetFolder方法和SubFolder对象可以获取某个文件夹里的所有子文件夹名称。

下面的代码是获取指定文件夹里的所有子文件夹名称、大小、文件数量、创建日期和最近一次访问日期，并输入到工作表中。

```
Sub 代码17044()
    Dim fso As New Scripting.FileSystemObject
    Dim fFolder As String
    Dim fd As Folder
    Dim n As Integer
    fFolder = ThisWorkbook.Path                 '指定文件夹
    n = 2
    For Each fd In fso.GetFolder(fFolder).SubFolders
        Range("A" & n) = fd.Name
        Range("B" & n) = Int(fd.Size / 1024) & " KB"
        Range("C" & n) = fd.Files.Count
        Range("D" & n) = fd.DateCreated
        Range("E" & n) = fd.DateLastAccessed
        n = n + 1
    Next
End Sub
```

代码 17045　获取文件夹里的子文件夹数量（Count）

获取文件夹里的子文件夹数量是使用SubFolders对象的Count属性。参考代码如下。

```
Sub 代码17045()
    Dim fso As New Scripting.FileSystemObject
    Dim fFolder As String
    Dim n As Integer
    fFolder = ThisWorkbook.Path              '指定文件夹
    n = fso.GetFolder(fFolder).SubFolders.Count
    MsgBox "该文件夹下，子文件夹的数量是:" & n
End Sub
```

代码 17046　获取文件夹里的文件数量（Count）

获取文件夹里的文件数量是使用Files对象的Count属性，参考代码如下。

```
Sub 代码17046()
    Dim fso As New Scripting.FileSystemObject
    Dim fFolder As String
    Dim n As Long
    fFolder = ThisWorkbook.Path              '指定文件夹
    n = fso.GetFolder(fFolder).Files.Count
    MsgBox "该文件夹里的文件数量:" & n
End Sub
```

17.5　综合应用：浏览文件夹和文件

代码 17047　浏览文件夹和文件，获取文件数据

本案例是设计一个窗体，可以浏览文档所在的文件夹下的各个子文件夹，以及每个子文件夹里的工作簿名称，再浏览每个工作簿里的工作表名称。

窗体结构如图17-2所示，有3个列表框，分别用来显示子文件夹、子文件夹里的工作簿名称，以及每个工作簿里的工作表名称。

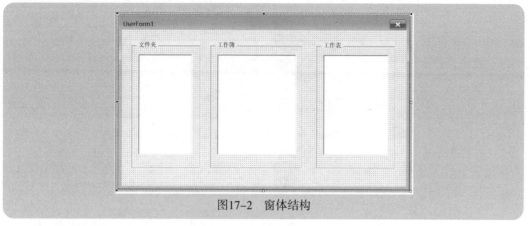

图17-2　窗体结构

为了获取某个工作簿里的工作表名称，采用后绑定的方法引用ADOX.Catalog。参考代码如下。

```
Sub 代码17047()
Dim fso As New Scripting.FileSystemObject
Private Sub UserForm_Initialize()
    Dim fd As folder
    ListBox1.Clear
    For Each fd In fso.GetFolder(ThisWorkbook.Path).subfolders
        ListBox1.AddItem fd.Name
    Next
    ListBox1.ListStyle = fmListStyleOption
    ListBox2.ListStyle = fmListStyleOption
    ListBox3.ListStyle = fmListStyleOption
End Sub

Private Sub ListBox1_Click()
    ListBox2.Clear
    ListBox3.Clear
    fName = Dir(ThisWorkbook.Path & "\" & ListBox1.Value & "\", 0)
    Do While Len(fName) > 0
```

```
        If fso.GetExtensionName(fName) = "xlsx" _
        Or fso.GetExtensionName(fName) = "xlsm" Then
            ListBox2.AddItem fName
        End If
        fName = Dir()
    Loop
End Sub


Private Sub ListBox2_Click()
    Dim myCat As Object
    Dim sh As Object
    ListBox3.Clear
    Set myCat = CreateObject("ADOX.Catalog")
    myCat.ActiveConnection = "Provider=Microsoft.ace.Oledb.12.0;" _
        & "Extended Properties='Excel 12.0;HDR=yes';" _
        & "data source=" & ThisWorkbook.Path & "\" _
                & ListBox1.Value & "\" & ListBox2.Value
    For Each sh In myCat.Tables
        ListBox3.AddItem Replace(Replace(sh.Name, "'", ""), "$", "")
    Next
End Sub
```

运行窗体后的效果如图17-3所示。

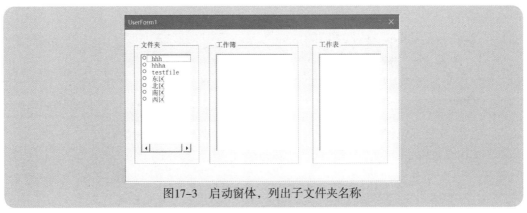

图17-3　启动窗体，列出子文件夹名称

单击窗体"文件夹"列表框里的某个文件夹，即可在中间"工作簿"列表框里显示该文件夹里的所有工作簿名称，如图17-4所示。

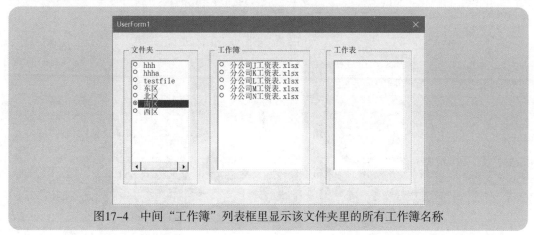

图17-4 中间"工作簿"列表框里显示该文件夹里的所有工作簿名称

再单击"工作簿"列表框里的某个工作簿名称，就在右侧"工作表"列表框里显示出该工作簿的所有工作表名称，如图17-5所示。

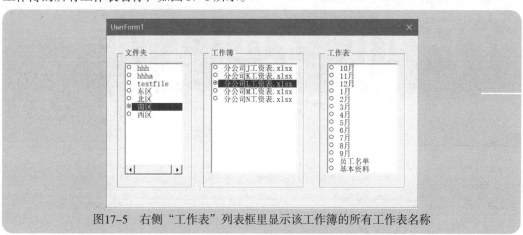

图17-5 右侧"工作表"列表框里显示该工作簿的所有工作表名称

还可以把这个窗体的功能进一步完善。例如，当单击右侧"工作表"列表框里的某个工作表名称时，可以显示该工作表数据等。限于篇幅，此处不再深入讨论。

Chapter

18

Print: 打印工作表

本章介绍如何通过VBA进行打印设置、预览、选择打印机、打印，以及如何进行自定义打印等操作的技巧。由于本章示例运行后在表面上看不出有什么变化，因此可以通过打印预览或实际打印来观察实际效果。

18.1 打印设置

在打印文档之前，首先要进行打印设置。下面是几个常见的设置问题。

代码 18001 设置 / 取消打印区域（固定区域）

使用PageSetup的PrintArea属性可以设置打印区域。下面的代码是设定一个固定区域为打印区域。

```
Sub 代码18001()
    Dim ws As Worksheet
    Set ws = ActiveSheet
    MsgBox "下面将设置打印区域A1:H20"
    ws.PageSetup.PrintArea = "A1:H20"
    MsgBox "下面将取消打印区域的设置"
    ws.PageSetup.PrintArea = ""
End Sub
```

代码 18002 设置 / 取消打印区域（不固定区域）

下面的代码是设置一个不固定的区域为打印区域，它将根据工作表的实际数据区域情况来确定。

```
Sub 代码18002()
    Dim ws As Worksheet
    Set ws = ActiveSheet
    With ws
        MsgBox "下面将设置打印区域"
        .PageSetup.PrintArea = ws.UsedRange.Address
        MsgBox "下面将取消打印区域的设置"
        .PageSetup.PrintArea = ""
    End With
```

End Sub

代码 18003　设置打印列标题和行标题

使用PrintTitleColumns属性来设置那些包含在每一页左边重复出现的单元格的列（列标题）；使用PrintTitleRows属性来设置那些包含在每一页顶部重复出现的单元格的行（行标题）。参考代码如下。

```
Sub 代码18003()
    Dim ws As Worksheet
    Set ws = Worksheets(1)
    MsgBox "下面将设置打印列标题"
    ws.PageSetup.PrintTitleColumns = ws.Columns("A:G").Address
    MsgBox "下面将设置打印行标题"
    ws.PageSetup.PrintTitleRows = ws.Rows(1).Address
    MsgBox "下面将取消打印列标题和行标题的设置"
    ws.PageSetup.PrintTitleColumns = ""
    ws.PageSetup.PrintTitleRows = ""
End Sub
```

代码 18004　设置页边距（磅）

利用LeftMargin、RightMargin、TopMargin、BottomMargin、HeaderMargin和FooterMargin属性，可以分别设置页面的左边距、右边距、顶部边距、底部边距、页面顶端到页眉的距离和页脚到页面底端的距离。

下面的代码是以磅为单位设置页边距。

```
Sub 代码18004()
    Dim ws As Worksheet
    Set ws = ActiveSheet
    With ws.PageSetup
        .LeftMargin = 30          '页面的左边距
        .RightMargin = 30         '页面的右边距
        .TopMargin = 50           '页面的顶部边距
```

```
        .BottomMargin = 50        '页面的底部边距
        .HeaderMargin = 40        '页面顶端到页眉的距离
        .FooterMargin = 40        '页脚到页面底端的距离
    End With
End Sub
```

代码18005　设置页边距（英寸）

下面的代码是以英寸为单位设置页面的左边距、右边距、顶部边距、底部边距、页面顶端到页眉的距离和页脚到页面底端的距离。

```
Sub 代码18005()
    Dim ws As Worksheet
    Set ws = Worksheets(1)
    With ws.PageSetup
        .LeftMargin = Application.InchesToPoints(0.8)
        .RightMargin = Application.InchesToPoints(0.8)
        .TopMargin = Application.InchesToPoints(0.8)
        .BottomMargin = Application.InchesToPoints(0.8)
        .HeaderMargin = Application.InchesToPoints(0.6)
        .FooterMargin = Application.InchesToPoints(0.6)
    End With
End Sub
```

代码18006　设置页边距（厘米）

下面的代码是以厘米为单位设置页面的左边距、右边距、顶部边距、底部边距、页面顶端到页眉的距离和页脚到页面底端的距离。

```
Sub 代码18006()
    Dim ws As Worksheet
    Set ws = ActiveSheet
    With ws.PageSetup
        .LeftMargin = Application.CentimetersToPoints(2.2)
```

```
        .RightMargin = Application.CentimetersToPoints(2.2)
        .TopMargin = Application.CentimetersToPoints(2.5)
        .BottomMargin = Application.CentimetersToPoints(2.5)
        .HeaderMargin = Application.CentimetersToPoints(1.8)
        .FooterMargin = Application.CentimetersToPoints(1.8)
    End With
End Sub
```

代码 18007　设置页眉

利用LeftHeader、CenterHeader和RightHeader属性设置页眉的左边、中间和右边字符串。

下面的代码是在页眉的左边显示打印日期；在页眉的中间显示"职工工资一览表"，并将字体设置为"华文新魏"，字号设置为20；在页眉的右边设置用户名。

```
Sub 代码18007()
    Dim ws As Worksheet
    Set ws = Worksheets(1)
    With ws.PageSetup
        .LeftHeader = "打印日期:&D"
        .CenterHeader = "&""华文新魏,常规""&20职工工资一览表"
        .RightHeader = "打印者:" & Application.UserName
    End With
End Sub
```

代码 18008　设置页脚

利用LeftFooter、CenterFooter和RightFooter属性设置页脚的左边、中间和右边字符串。

下面的代码是在页脚的左边显示打印文件的名称及工作表名称；在页脚的中间不显示任何字符；在页脚的右边显示"第 × 页 共 × 页"的字样。

```
Sub 代码18008()
    Dim ws As Worksheet
    Set ws = Worksheets(1)
```

```
    With ws.PageSetup
        .LeftFooter = "文件:&F  &A"
        .CenterFooter = ""
        .RightFooter = "第 &P 页  共&N 页"
    End With
End Sub
```

代码18009　设置页面的水平/垂直居中位置

利用CenterHorizontally属性和CenterVertically属性设置页面是否水平居中和垂直居中。
下面的代码是将页面设置为水平居中和垂直居中打印。

```
Sub 代码18009()
    Dim ws As Worksheet
    Set ws = Worksheets(1)
    With ws.PageSetup
        .CenterHorizontally = True      '页面水平居中
        .CenterVertically = True        '页面垂直居中
    End With
End Sub
```

代码18010　设置纵向或横向打印模式

利用Orientation属性设置纵向或横向打印模式，其值为xlPortrait为纵向打印，其值为
xlLandscape为横向打印。
下面的代码是将页面设置为纵向打印。

```
Sub 代码18010()
    Dim ws As Worksheet
    Set ws = Worksheets(1)
    With ws.PageSetup
        .Orientation = xlPortrait       '纵向打印
'        .Orientation = xlLandscape      '横向打印
```

```
    End With
End Sub
```

代码 18011　设置打印纸张大小

利用PaperSize属性设置纸张的大小。下面的代码是将纸张设置为A4打印纸。

```
Sub 代码18011()
    Dim ws As Worksheet
    Set ws = Worksheets(1)
    With ws.PageSetup
        .PaperSize = xlPaperA4              'A4打印纸
    End With
    Set ws = Nothing
End Sub
```

代码 18012　将工作表的全部数据都缩印在一页内

利用FitToPagesWide属性和FitToPagesTall 属性可以设置在打印工作表时，对工作表使用的页宽和页高进行缩放。

下面的代码是将工作表的全部数据都缩印在一页内。

```
Sub 代码18012()
    Dim ws As Worksheet
    Set ws = Worksheets(1)
    With ws.PageSetup
        .Zoom = False
        .PaperSize = xlPaperA4
        .FitToPagesWide = 1
        .FitToPagesTall = 1
    End With
End Sub
```

代码 18013 设置打印行号 / 列标和网格线

利用PrintHeadings属性设置是否打印行号和列标；利用PrintGridlines属性设置是否打印网格线。

下面的代码是设置打印行号、列标和网格线。

```
Sub 代码18013()
    Dim ws As Worksheet
    Set ws = Worksheets(1)
    With ws.PageSetup
        .PrintHeadings = True
        .PrintGridlines = True
    End With
End Sub
```

18.2 预览和打印

打印设置完成后，可以先预览下，再开始打印。下面是预览和打印的参考代码。

代码 18014 显示打印预览

利用PrintPreview方法显示打印预览。

如果将参数enablechanges设置为False，则不允许在预览时进行打印设置。默认情况下（参数enablechanges是True），允许在预览时进行打印设置。参考代码如下。

```
Sub 代码18014()
    Dim ws As Worksheet
    Set ws = Worksheets(1)
    ws.PrintPreview enablechanges:=False    '不允许在预览时进行打印设置
    ws.PrintPreview                         '允许在预览时进行打印设置
    Set ws = Nothing
End Sub
```

代码18015 | 打印工作表

利用PrintOut方法进行打印。

可以通过设置PrintOut方法的有关参数确定打印的起始页、终止页、打印份数、在打印之前是否先预览和指定打印机的名称等。

下面的代码是实现打印第1~10页，打印3份，打印之前不预览，使用默认打印机进行打印。

```
Sub 代码18015()
    Dim ws As Worksheet
    Set ws = Worksheets(1)
    ws.PrintOut from:=1, to:=10, copies:=3, preview:=False
    Set ws = Nothing
End Sub
```

18.3 自定义预览和打印

本节介绍自定义打印的几个小技巧和参考代码，让打印更加灵活。

代码18016 | 在任意的位置设置换页

利用PageBreak属性设置分页符，可以实现在任意的位置设置换页。下面的代码是每页仅打印15行和5列，即每15行和5列就换页打印，并进行垂直居中和水平居中的打印。

```
Sub 代码18016()
    Dim ws As Worksheet
    Dim Rng As Range
    Dim i As Long, j As Long, RowSp As Long, ColSp As Long
    RowSp = 15          '制定要换页的行数
    ColSp = 5           '制定要换页的列数
    Set ws = Worksheets(1)
    With ws
        .Parent.Windows(1).View = xlNormalView
```

```
        Set Rng = .UsedRange.Cells(.UsedRange.Cells.Count)
        .Cells.PageBreak = xlNone
        For i = RowSp + 1 To Rng.Row Step RowSp
            .Rows(i).PageBreak = xlPageBreakManual
        Next
        For i = ColSp + 1 To Rng.Column Step ColSp
            .Columns(i).PageBreak = xlPageBreakManual
        Next
        With .PageSetup
            .CenterHorizontally = True
            .CenterHorizontally = True
        End With
    End With
End Sub
```

代码 18017　获取打印总页数

利用HPageBreaks属性（水平分页符）和VPageBreaks属性（垂直分页符）来获取打印总页数，并显示出来。参考代码如下。

```
Sub 代码18017()
    Dim ws As Worksheet
    Set ws = Worksheets(1)
    MsgBox "打印总页数为:" & (ws.VPageBreaks.Count + 1) * (ws.HPageBreaks.Count + 1)
End Sub
```

代码 18018　显示打印机设置对话框

利用Dialogs集合来显示打印机设置对话框。参考代码如下。

```
Sub 代码18018()
    Application.Dialogs(xlDialogPrinterSetup).Show
    MsgBox "您选择了打印机:" & Application.ActivePrinter
End Sub
```

代码18019 显示打印内容对话框

利用Dialogs集合来显示打印内容对话框。参考代码如下。

```
Sub 代码18019()
    Application.Dialogs(xlDialogPrint).Show
End Sub
```

代码18020 显示页面设置对话框

利用Dialogs集合来显示页面设置对话框。参考代码如下。

```
Sub 代码18020()
    Application.Dialogs(xlDialogPageSetup).Show
End Sub
```

代码18021 显示分页预览

利用窗口的View属性来显示分页预览。参考代码如下。

```
Sub 代码18021()
    MsgBox "下面显示分页预览窗口"
    ActiveWindow.View = xlPageBreakPreview
    MsgBox "下面关闭分页预览窗口"
    ActiveWindow.View = xlNormalView
End Sub
```

代码18022 隔页打印工作表

通过循环访问工作表，实现隔页打印工作表的目的。

下面的代码是只打印奇数页工作表，即从第一个工作表开始，每隔一个工作表进行打印。

```
Sub 代码18022()
    Dim wsName() As String
```

```
    Dim ws As Worksheet
    Dim i As Long, j As Long
    i = 0
    For j = 1 To Worksheets.Count
        If j Mod 2 = 0 Then
        Else
            i = i + 1
            ReDim Preserve wsName(1 To j)
            wsName(i) = Worksheets(j).Name
        End If
    Next j
    For j = 1 To i
        Worksheets(wsName(j)).PrintOut
    Next j
End Sub
```

代码18023　是否打印工作表上的形状

在有些情况下，可能需要在工作表上插入Shape对象。下面的代码是设置这些Shape对象是否和工作表一起打印。

```
Sub 代码18023()
    Dim ws As Worksheet
    Dim myShape As Shape
    Set ws = Worksheets(1)    '制定工作表
    For Each myShape In ws.Shapes
        myShape.ControlFormat.PrintObject = False        '不打印Shape对象
'       myShape.ControlFormat.PrintObject = True         '打印Shape对象
    Next
End Sub
```

Object：后绑定对象

前面介绍的对ADO对象、Access数据库等的操作，都是使用前绑定的方法，即先引用该对象库，然后再利用对象的各种属性和方法进行操作。这种前绑定的一大优点是能够非常方便地使用对象的属性和方法进行编程。

除了前绑定，还有后绑定，即不引用对象库，直接使用对象，这种操作并不方便，除非读者对各种对象的使用非常熟练，了解该对象的常用属性和方法。为了能够学习全面的知识和参考代码，本章将介绍后绑定对象的基本操作技能与技巧。

不论是绑定何种对象，都是使用CreateObject方法来进行的。

19.1 后绑定ADO：查找数据

下面介绍如何后绑定 ADO，以建立与工作簿、Access 数据库和文本文件的连接，并在不打开数据源的情况下查找数据。

代码 19001 后绑定 ADO：连接并查询工作簿

下面的代码是通过后绑定的方法来建立与工作簿的ADO连接，并查找数据。

```
Sub 代码19001()
    Dim cnn As Object
    Dim rs As Object
    Dim cnnstr As String
    Dim SQL As String
    Dim ws As Worksheet

    Set ws = ThisWorkbook.Worksheets("查找结果")
    ws.Range("2:1000").Clear

    '建立ADO连接
    Set cnn = CreateObject("ADODB.Connection")
    cnnstr = "Provider=Microsoft.ace.Oledb.12.0;" _
        & "Extended Properties='Excel 12.0;HDR=yes';" _
        & "data source=" & ThisWorkbook.FullName
    cnn.Open cnnstr

    '准备查找数据
    SQL = "select * from [员工信息$] where 部门='信息部' and 年龄段='31~40岁'"
    Set rs = CreateObject("ADODB.Recordset")
    rs.Open SQL, cnn, 1, 3, 1
```

```
    '复制查询结果
    ws.Range("A2").CopyFromRecordset rs
End Sub
```

建立ADODB.Connection方法、ADODB.Recordset方法以及连接字符串的写法。

代码19002　后绑定 ADO：连接并查询 Access 数据库

下面的代码是通过后绑定的方法来建立与Access数据库的ADO连接，并查找数据。

```
Sub 代码19002()
    Dim cnn As Object
    Dim rs As Object
    Dim cnnstr As String
    Dim SQL As String
    Dim ws As Worksheet

    Set ws = ThisWorkbook.Worksheets("查找结果")
    ws.Range("2:1000").Clear

    '建立ADO链接
    Set cnn = CreateObject("ADODB.Connection")
    cnnstr = "Provider=Microsoft.ace.Oledb.12.0;" _
        & "data source=店铺分析.accdb"
    cnn.Open cnnstr

    '准备查找数据
    SQL = "select * from 8月报表 where 性质='自营' and 指标达成率>1"
    Set rs = CreateObject("ADODB.Recordset")
    rs.Open SQL, cnn, 1, 3, 1

    '复制查询结果
    ws.Range("A2").CopyFromRecordset rs
```

```
    ws.Range("I:J").NumberFormatLocal = "0.00%"
    MsgBox "查找完毕", vbInformation, "查找Access"
End Sub
```

💡注意

建立ADODB.Connection方法、ADODB.Recordset方法以及连接字符串的写法。

代码 19003　后绑定 ADO：连接并查询文本文件

下面的代码是通过后绑定的方法来建立与文本文件数据库的ADO连接，并查找数据。

```
Sub 代码19003()
    Dim cnn As Object
    Dim rs As Object
    Dim cnnstr As String
    Dim SQL As String
    Dim ws As Worksheet

    Set ws = ThisWorkbook.Worksheets("查找结果")
    ws.Range("2:1000").Clear

    '建立ADO链接
    Set cnn = CreateObject("ADODB.Connection")
    cnnstr = "Provider=Microsoft.ACE.OLEDB.12.0;" _
        & "Extended Properties='text;HDR=Yes;FMT=Delimited';" _
        & "Data Source=" & ThisWorkbook.Path
    cnn.Open cnnstr

    '准备查找数据
    SQL = "select * from 员工信息表.txt where 所属部门='技术部' and 学历='硕士'"
    Set rs = CreateObject("ADODB.Recordset")
    rs.Open SQL, cnn, 1, 3, 1

    '复制查询结果
```

```
    ws.Range("A2").CopyFromRecordset rs
    MsgBox "查找完毕", vbInformation, "查找文本文件"
End Sub
```

注意

> 建立ADODB.Connection方法、ADODB.Recordset方法以及连接字符串的写法。

19.2 后绑定其他Office组件

可以通过后绑定的方式在 Excel 应用程序中创建、打开 Office 的其他组件，如 Word、PowerPoint 等。下面介绍几个实用技巧。

代码19004 打开已有的 Word 文档

下面的例子是利用后绑定来打开已有的Word文档。

```
Sub 代码19004()
    Dim myFile As String
    Dim docApp As Object

    '指定要打开的Word文档
    myFile = ThisWorkbook.Path & "\VBA实用代码.docx"
    Set docApp = CreateObject("Word.Application")
    With docApp
        .Documents.Open myFile
        .Visible = True
    End With
End Sub
```

代码19005 创建新的 Word 文档

下面的代码是利用后绑定的方式来创建一个新Word文档，向文档中写入"学习VBA实用操作技巧"文字，并将此文档以名字"Excel VBA实用代码大全"保存到当前工作簿所在的文件夹，然后询问是否关闭此文档。

```
Sub 代码19005()
    Dim docApp As Object
    Set docApp = CreateObject("Word.Application")
    With docApp
        .Visible = True
        .Documents.Add
        With .ActiveDocument
            .Paragraphs(1).Range.InsertBefore "学习VBA实用操作技巧"
            .SaveAs ThisWorkbook.Path & "\Excel VBA实用代码大全.docx"
        End With
        If MsgBox("已经创建了Word文档，是否要关闭Word文档？ ", vbYesNo) = vbYes Then
            .Quit
        End If
    End With
End Sub
```

代码19006　将 Word 文档内容复制到工作表

下面的代码是利用后绑定的方法，将指定Word文档的第4段内容，复制到指定工作表的单元格A1中。

```
Sub 代码19006()
    Dim docApp As Object
    Dim docRange As Object
    Dim ws As Worksheet
    Set ws = ThisWorkbook.Worksheets(1)
    myFile = ThisWorkbook.Path & "\读写练习.docx"
    Set docApp = CreateObject("Word.Application")
    With docApp
        .Documents.Open myFile
        .Visible = True
```

```
        End With
        With docApp.ActiveDocument
            If .Paragraphs.Count >= 4 Then
                Set docRange = .Paragraphs(4).Range
                docRange.Copy
            End If
        End With
        ws.Range("A1").Select
        ws.Paste
        docApp.Quit
End Sub
```

代码 19007　将工作表数据复制到 Word 文档

下面的代码是利用后绑定方法，将工作表的指定单元格区域的数据复制到Word文档的最后一行。

```
Sub 代码19007()
    Dim docApp As Object
    Dim docRange As Object
    Dim ws As Worksheet
    Dim Rng As Range

    Set ws = ThisWorkbook.Worksheets(1)
    Set Rng = ws.Range("A1:D9")
    Rng.Copy

    myFile = ThisWorkbook.Path & "\读写练习.docx"
    Set docApp = CreateObject("Word.Application")
    With docApp
        .Documents.Open myFile
        .Visible = True
        With .ActiveDocument
            Set docRange = .Paragraphs(.Paragraphs.Count).Range
```

```
        End With
        docRange.PasteExcelTable LinkedToExcel:=True, RTF:=True
        .Documents.Close
        .Quit
    End With
End Sub
```

代码 19008 **打开已有的 PowerPoint 文档**

下面的代码是利用后绑定方法来打开当前工作簿文件夹里的PowerPoint文档hhh.pptx。

```
Sub 代码19008()
    Dim myFile As String
    Dim ppt As Object
    '指定要打开的PPT文档
    myFile = ThisWorkbook.Path & "\hhh.pptx"
    Set ppt = CreateObject("PowerPoint.Application")
    With ppt
        .Presentations.Open myFile
        .Visible = True
    End With
End Sub
```

19.3 后绑定FSO对象：操作文件和文件夹

第 17 章介绍了使用前绑定 FSO 对象来操作文件和文件夹，本节介绍使用后绑定的方法来操作文件和文件夹。

代码 19009 **后绑定 FSO 对象操作文件**

下面的代码是使用后绑定FSO对象操作文件的示例，用来判断指定文件是否存在。

```
Sub 代码19009()
    Dim folder As Object
    Dim fName As String
    Set fso = CreateObject("Scripting.FileSystemObject")
    fName = ThisWorkbook.Path & "\test.txt"              '指定带完整路径的文件名
    If fso.FileExists(fName) = True Then
        MsgBox "文件 " & fName & " 存在"
    Else
        MsgBox "文件 " & fName & " 不存在"
    End If
End Sub
```

代码 19010 后绑定 FSO 对象操作文件夹

下面的代码是使用后绑定FSO对象操作文件夹，获取某个文件夹下所有的子文件夹名，并保存到窗体列表框ListBox1中。

```
Private Sub UserForm_Initialize()
    Dim fso As Object
    Dim fd As Object
    Set fso = CreateObject("Scripting.FileSystemObject")
    With ListBox1
        .Font.Size = 12
        .ListStyle = fmListStyleOption
        .Clear
        For Each fd In fso.GetFolder(ThisWorkbook.Path).subfolders
            .AddItem fd.Name
        Next
    End With
End Sub
```

20

Dictionary：操作字典

　　字典（Dictionary）类似于一个二维数组，用来保存数据，其中有两种数据：一个是不重复的键值（Key），一个是项值（可以重复）。利用字典可以处理很多问题，速度要比一般的方法快，效率也更高。

如果使用Dictionary，既可以使用前绑定，也可以使用后绑定。使用前绑定时，要引用 Microsoft Scripting Runtime，如图20-1所示。

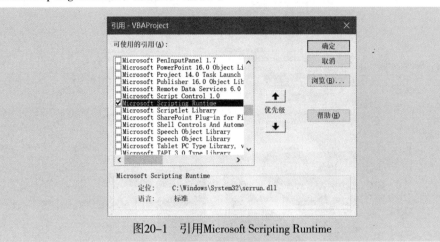

图20-1　引用Microsoft Scripting Runtime

20.1　设置字典项目

下面介绍设置字典项目、编辑项目等基本用法和技巧，以及相应的参考代码。

代码20001　创建新字典：添加键值和项目值

创建新字典并添加键值和项目值应使用Add方法。参考代码如下。

```vba
Sub 代码20001()
    Dim d As New Dictionary
    With d
        .Add "AA", "11a"
        .Add "BB", "22b"
        .Add "CC", "33c"
        .Add "DD", "stu"
    End With
End Sub
```

当使用后绑定时，创建字典并添加键值和项目值的参考代码如下。

```
Sub 代码20001_1()
    Dim d As Object
    Dim k As Object
    Set d = CreateObject("Scripting.Dictionary")
    With d
        .Add "AA", "11a"
        .Add "BB", "22b"
        .Add "CC", "33c"
        .Add "DD", "stu"
    End With
End Sub
```

键值和项目值可以是文本、数字和日期。例如，在下面的示例中，键值和项目值都是数字。

```
Sub 代码20001_1()
    Dim d As New Dictionary
    With d
        .Add 1, 2000
        .Add 2, 2049
        .Add 3, 103
        .Add 4, 55
    End With
End Sub
```

代码20002 判断字典是否存在指定的键值

使用Exists方法判断指定的键值是否存在，如果存在就返回True。下面的代码判断结果是指定的键值是存在的。

```
Sub 代码20002()
    Dim d As New Dictionary
    Dim k As String
    '创建一个字典示例
```

```
    With d
        .Add "AA", "11a"
        .Add "BB", "22b"
        .Add "CC", "33c"
        .Add "DD", "stu"
    End With
    '下面判断指定的键值是否存在
    k = "BB"    '指定要检查的键值
    If d.Exists(k) Then
        MsgBox "指定的键值 " & k & " 存在"
    Else
        MsgBox "指定的键值 " & k & " 不存在"
    End If
End Sub
```

键值是严格区分大小写的，下面的代码运行结果是指定的键值不存在。

```
Sub 代码20002_1()
    Dim d As New Dictionary
    Dim k As String
    '创建一个字典示例
    With d
        .Add "AA", "11a"
        .Add "BB", "22b"
        .Add "CC", "33c"
        .Add "DD", "stu"
    End With
    '下面判断指定的键值是否存在
    k = "bb"    '指定要检查的键值
    If d.Exists(k) Then
        MsgBox "指定的键值 " & k & " 存在"
    Else
        MsgBox "指定的键值 " & k & " 不存在"
    End If
End Sub
```

代码20003　修改指定的键值

利用Key属性修改指定的键值为新键值。参考代码如下。

```
Sub 代码20003()
    Dim d As New Dictionary
    Dim kold As String
    Dim knew As String
    '创建一个字典示例
    With d
        .Add "AA", "11a"
        .Add "BB", "22b"
        .Add "CC", "33c"
        .Add "DD", "stu"
    End With
    '下面修改指定的键值
    kold = "BB"          '指定要修改的键值
    knew = "PP"          '指定的新键值
    d.Key(kold) = knew
End Sub
```

代码20004　修改指定的项目值

利用Item属性修改指定键值对应的项目值。参考代码如下。

```
Sub 代码20004()
    Dim d As New Dictionary
    Dim k As String
    Dim Inew As String
    '创建一个字典示例
    With d
        .Add "AA", "11a"
        .Add "BB", "22b"
        .Add "CC", "33c"
```

```
        .Add "DD", "stu"
    End With
    '下面修改指定键值的项目值
    k = "BB"                    '指定要修改项目值的键值
    Inew = "新项目"             '指定的新项目值
    d.Item(k) = Inew
End Sub
```

如果指定的键值已经存在，就修改原来的项目值；如果键值不存在，就直接添加一个新键值及其项目值。

下面的代码是添加了一个新键值和项目值，字典的键值数目变成了5个（原来是4个）。

```
Sub 代码20004_1()
    Dim d As New Dictionary
    Dim k As String
    Dim Inew As String
    '创建一个字典示例
    With d
        .Add "AA", "11a"
        .Add "BB", "22b"
        .Add "CC", "33c"
        .Add "DD", "stu"
    End With
    '下面修改指定键值的项目值
    k = "QQQ"                   '指定要修改项目值的键值
    Inew = "新项目"             '指定的新项目值
    d.Item(k) = Inew
End Sub
```

代码20005 删除指定的键值

利用Remove方法删除指定的键值，该键值对应的项目值也被删除。参考代码如下。

```
Sub 代码20005()
    Dim d As New Dictionary
```

```
    Dim k As String
    '创建一个字典示例
    With d
        .Add "AA", "11a"
        .Add "BB", "22b"
        .Add "CC", "33c"
        .Add "DD", "stu"
    End With
    '下面删除指定的键值
    k = "BB"            '指定要删除的键值
    If d.Exists(k) Then
        d.Remove k
        MsgBox "键值 " & k & " 及其项目值已经删除"
    Else
        MsgBox "指定的键值不存在，无法删除"
    End If
End Sub
```

代码20006　删除字典的全部数据

使用RemoveAll可以把字典里的所有项目全部删除，将字典变成了一个空字典。参考代码如下。

```
Sub 代码20006()
    Dim d As New Dictionary
    Dim k As String
    '创建一个字典示例
    With d
        .Add "AA", "11a"
        .Add "BB", "22b"
        .Add "CC", "33c"
        .Add "DD", "stu"
    End With
    '下面字典的全部数据
```

```
        d.RemoveAll
        MsgBox "字段全部数据被删除清空"
    End Sub
```

一般来说，如果要使用已定义的字典重新添加数据，第一个语句使用的是RemoveAll清空旧字典，然后准备添加新数据。参考代码如下。

```
    Sub 代码20005_1()
        Dim d As New Dictionary
        Dim k As String
        With d
            .RemoveAll
            .Add "AA", "11a"
            .Add "BB", "22b"
            .Add "CC", "33c"
            .Add "DD", "stu"
        End With
    End Sub
```

20.2 获取字典信息

利用有关属性，可以获取字典信息，如键值、项目值等。

代码20007 获取字典的键值数目

使用Count属性可以获取字典里的键值数目。参考代码如下。

```
    Sub 代码20007()
        Dim d As New Dictionary
        Dim i As Long, n As Long
        n = Range("A1000").End(xlUp).Row
        '创建一个字典示例, 把工作表A列和B的数据添加到字典
        For i = 2 To n
```

```
      d.Add Range("A" & i), Range("B" & i)
   Next i
   MsgBox "字典的键值数目是:" & d.Count
End Sub
```

代码20008 获取某个键值

使用Keys方法可以获取指定的键值。键值索引号是从0开始的,第1个键值的索引号是0,第2个键值的索引号是1,以此类推。参考代码如下。

```
Sub 代码20008()
   Dim d As New Dictionary
   Dim i As Long, n As Long
   Dim k As Variant
   Dim x As Integer
   Dim ws As Worksheet
   Set ws = ThisWorkbook.Worksheets("Sheet1")
   '创建一个字典示例, 从工作表A列和B列取数, 添加到字典
   With ws
      n = .Range("A1000").End(xlUp).Row
      For i = 2 To n
         d.Add .Range("A" & i).Value, .Range("B" & i).Value
      Next i
   End With
   '查找指定索引号的键值
   x = 3                      '指定索引号
   k = d.Keys(3)              '获取键值
   MsgBox "该索引号的键值是:" & k
End Sub
```

代码20009 获取某个键值对应的项目值

使用Item可以获取字典里指定键值的项目值。参考代码如下。

```
Sub 代码20009()
    Dim d As New Dictionary
    Dim i As Long, n As Long
    Dim k As Variant
    Dim y As Variant
    Dim ws As Worksheet

    Set ws = ThisWorkbook.Worksheets("Sheet1")

    '创建一个字典示例，把工作表A列和B列的数据添加到字典
    With ws
        n = .Range("A1000").End(xlUp).Row
        For i = 2 To n
            d.Add .Range("A" & i).Value, .Range("B" & i).Value
        Next i
    End With

    '查找指定键值的项目值
    k = "B006"                  '指定键值
    y = d.Item(k)
    MsgBox "指定键值 " & k & " 的项目值是:" & y
End Sub
```

代码20010 　获取全部键值及项目值，保存到工作表

使用Keys和Items，可以获取字典里的全部键值和项目值。下面的代码是获取全部键值和项目值，并保存到工作表的A列和B列。

```
Sub 代码20010()
    Dim d As New Dictionary
    Dim x, y
    '创建字典
    With d
        .RemoveAll
```

```
        .Add "AA", "11a"
        .Add "BB", "22b"
        .Add "CC", "33c"
        .Add "DD", "stu"
    End With
    '将字段输出到工作表A列和B列
    x = d.Keys()                    '获取字段的全部键值
    y = d.Items()                   '获取字段的全部项目值
    Range("A1").Resize(d.Count, 1) = WorksheetFunction.Transpose(x)
    Range("B1").Resize(d.Count, 1) = WorksheetFunction.Transpose(y)
End Sub
```

20.3　实际应用案例

前面介绍的是字典的基本使用方法，下面介绍字典的几个实际应用案例及参考代码。

代码 20011　获取不重复名称清单

下面的代码是获取工作表A列中的不重复部门名单，并保存到D列。运行效果如图20-2所示。

```
Sub 代码20011()
    Dim d As New Dictionary
    Dim i As Long, n As Long
    Dim y As Variant
    Dim ws As Worksheet
    Set ws = ThisWorkbook.Worksheets("Sheet1")
    With ws
        n = .Range("A1000").End(xlUp).Row
        For i = 2 To n
            d.Item(.Range("A" & i).Value) = d.Item(.Range("A" & i).Value) + 1
        Next i
```

```
    End With
    x = d.Keys()
    ws.Range("d1").Resize(d.Count, 1) = WorksheetFunction.Transpose(x)
End Sub
```

	A	B	C	D
1	名称	姓名		办公室
2	办公室	A001		财务部
3	财务部	A002		人力资源部
4	人力资源部	A003		销售部
5	人力资源部	A004		技术部
6	销售部	A005		市场部
7	财务部	A006		
8	技术部	A007		
9	市场部	A008		
10	财务部	A009		
11	办公室	A010		
12	办公室	A011		
13	技术部	A012		
14	技术部	A013		
15	财务部	A014		
16	财务部	A015		
17	人力资源部	A016		

图20-2　D列获取的不重复部门名单

代码 20012 获取不重复名称清单并统计重复次数

下面的代码是获取对每个部门进行的统计汇总。完成两个任务：一是列出不重复部门名单；二是统计重复次数。运行效果如图 20-3 所示。

```
Sub 代码20012()
    Dim d As New Dictionary
    Dim i As Long, n As Long
    Dim x, y
    Dim ws As Worksheet
    Set ws = ThisWorkbook.Worksheets("Sheet1")
    With ws
        n = .Range("A1000").End(xlUp).Row
        For i = 2 To n
            d.Item(.Range("A" & i).Value) = d.Item(.Range("A" & i).Value) + 1
        Next i
```

```
    End With
    x = d.Keys()
    y = d.Items()
    ws.Range("D1").Resize(d.Count, 1) = WorksheetFunction.Transpose(x)
    ws.Range("E1").Resize(d.Count, 1) = WorksheetFunction.Transpose(y)
End Su
```

	A	B	C	D	E
1	名称	姓名		办公室	3
2	办公室	A001		财务部	5
3	财务部	A002		人力资源部	3
4	人力资源部	A003		销售部	1
5	人力资源部	A004		技术部	3
6	销售部	A005		市场部	1
7	财务部	A006			
8	技术部	A007			
9	市场部	A008			
10	财务部	A009			
11	办公室	A010			
12	办公室	A011			
13	技术部	A012			
14	技术部	A013			
15	财务部	A014			
16	财务部	A015			
17	人力资源部	A016			

图20-2　D列和E列分别获取的是不重复部门名单及其重复次数

代码 20013　从多个工作表中获取不重复名称清单

循环遍历每个工作表，将其添加到字典中，获取各个工作表数据的不重复清单就会非常容易。参考代码如下。

```
Sub 代码20013()
    Dim d As New Dictionary
    Dim i As Long, n As Long, j As Long
    Dim x, y
    Dim ws As Worksheet
    Dim wsmd As Worksheet
    Dim sh As Variant
    Set wsmd = ThisWorkbook.Worksheets("名单")
    sh = Array("客户A", "客户B", "客户C", "客户D")
```

```
      For j = 0 To UBound(sh)
         Set ws = ThisWorkbook.Worksheets(sh(j))
         With ws
            n = .Range("A1000").End(xlUp).Row
            For i = 2 To n
               d.Item(.Range("A" & i).Value) = d.Item(.Range("A" & i).Value) + 1
            Next i
         End With
      Next j
      x = d.Keys()
      y = d.Items()
      wsmd.Range("A1").Resize(d.Count, 1) = WorksheetFunction.Transpose(x)
   End Sub
```

代码20014 查找数据（唯一值）

　　大家都对VLOOKUP函数非常熟悉，使用字典也可以完成VLOOKUP函数的工作。参考代码如下。示例数据如图20-3所示。

```
   Sub 代码20014()
      Dim d As New Dictionary
      Dim i As Long, n As Long
      Dim ws As Worksheet
      Set ws = ThisWorkbook.Worksheets("示例")
      With ws
         '创建字典
         n = .Range("A1000").End(xlUp).Row
         For i = 2 To n
            d.Add .Range("A" & i).Value, .Range("D" & i).Value
         Next i
         '提取指定姓名的工资
         .Range("H3") = d.Item(.Range("H2").Value)
      End With
   End Sub
```

	A	B	C	D	E	F	G	H	I
1	姓名	部门	职位	工资					
2	张三	财务部	经理	5436			指定姓名	王五	
3	李四	技术部	经理	7648			基本工资	21335	
4	王五	人事部	主管	21335					
5	马六	财务部	主管	7588					
6	何欣欣	销售部	经理	9468					
7	李欣梦	销售部	主管	10496					
8	孟达	销售部	主管	4765					
9	张德强	技术部	主管	6323					

图20-3 查找指定员工的工资（替代VLOOKUP函数）

代码20015 查找数据（重复值）

前面介绍的是查找没有重复值的数据情况，假如数据有重复值，应该如何查找呢？此时使用VLOOKUP函数不能实现，不过，可以使用字典将所有指定员工的数据查找出来。示例数据与运行效果如图20-4所示。

这里，假设姓名和部门结合起来是唯一的。参考代码如下。

```
Sub 代码20015()
    Dim d As New Dictionary
    Dim i As Long, n As Long
    Dim k As Variant
    Dim x As String
    Dim ws As Worksheet
    Set ws = ThisWorkbook.Worksheets("示例")
    x = ws.Range("H2").Value
    '创建字典
    With ws
        n = .Range("A1000").End(xlUp).Row
        For i = 2 To n
            d.Add .Range("A" & i).Value & "-" & .Range("B" & i).Value, .Range("D" & i).Value
        Next i
    End With
    '重新整理字典，删除不是指定姓名的键值
    For i = d.Count - 1 To 0 Step -1
        If Left(d.Keys(i), InStr(1, d.Keys(i), "-") - 1) <> x Then
            d.Remove d.Keys(i)
```

```
        End If
    Next i
    '提取指定姓名的工资
    Range("G4").Resize(d.Count, 1) = WorksheetFunction.Transpose(d.Keys())
    Range("H4").Resize(d.Count, 1) = WorksheetFunction.Transpose(d.Items())
End Sub
```

	A	B	C	D	E	F	G	H
1	姓名	部门	职位	工资				
2	张三	财务部	经理	5436			指定姓名	王五
3	李四	技术部	经理	7648				
4	王五	人事部	主管	21335			王五-人事部	21335
5	马六	财务部	主管	7588			王五-技术部	6039
6	何欣欣	销售部	经理	9468			王五-后勤部	7534
7	李欣梦	销售部	主管	10496				
8	孟达	销售部	主管	4765				
9	张德强	技术部	主管	6323				
10	王五	技术部	员工	6039				
11	梅明华	人事部	员工	5029				
12	王五	后勤部	主管	7534				

图20-4　重复值的数据查找

代码20016　多条件查找数据（列结构表格）

在Excel里，如果要做多条件查找，则需要使用数组公式，操作起来比较麻烦。因此，可以使用字典来设计多条件查找自定义函数。下面的代码是设计的一个思路，仅供参考。自定义函数的使用效果如图20-5和图20-6所示。这个自定义函数只适合于列结构表格。

```
Function MCVlookup(条件值1, 条件值2, 条件区域1 As Range, 条件区域2 As Range, 结果
区域 As Range)
    Dim d As New Dictionary
    Dim i As Long, n1 As Long, n2 As Long
    Dim k As Variant
    Dim x As String

    '判断两个条件区域是否一致
    If 条件区域1.Rows.Count <> 条件区域2.Rows.Count Then
        MClookup = "3N/A"
        Exit Function
```

End If

'创建字典
n1 = 条件区域1.Cells(1).Row
n2 = 条件区域1.Cells.Rows.Count + n1 − 1
For i = n1 To n2
   d.Add 条件区域1.Cells(i).Value & "−" & 条件区域2.Cells(i).Value, 结果区域.Cells(i).Value
Next i

'提取满足条件的数据
MCVlookup = d.Item(条件值1 & "−" & 条件值2)
End Function

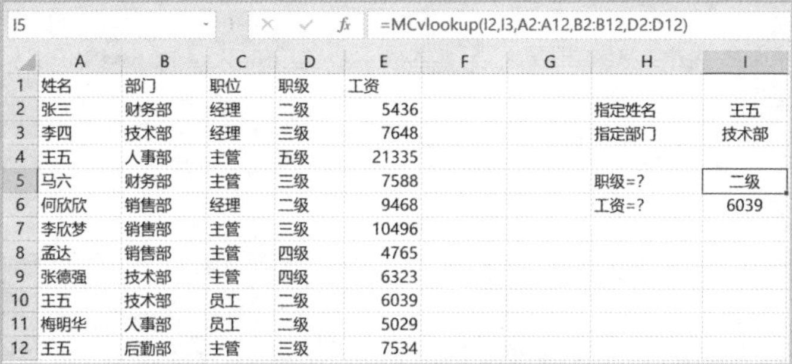

图20-5　两个条件查找

图20-6　两个条件查找的自定义函数

代码 20017　多条件查找数据（行结构表格）

上面的自定义函数仅适合于列结构表格，如果稍微修改，就可以应用于行结构表格。参考代码如下。运行效果如图20-7所示。

```
Function MCHlookup(条件值1, 条件值2, 条件区域1 As Range, 条件区域2 As Range, 结果
区域 As Range)
    Dim d As New Dictionary
    Dim i As Long, n1 As Long, n2 As Long
    Dim k As Variant
    Dim x As String

    '判断两个条件区域是否一致
    If 条件区域1.Columns.Count <> 条件区域2.Columns.Columns.Count Then
        MClookup = "3N/A"
        Exit Function
    End If

    '创建字典
    n1 = 条件区域1.Columns.Row
    n2 = 条件区域1.Cells.Columns.Count + n1 - 1
    For i = n1 To n2
        d.Add 条件区域1.Cells(i).Value & "-" & 条件区域2.Cells(i).Value, 结果区域.Cells(i).Value
    Next i

    '提取满足条件的数据
    MCHlookup = d.Item(条件值1 & "-" & 条件值2)
End Function
```

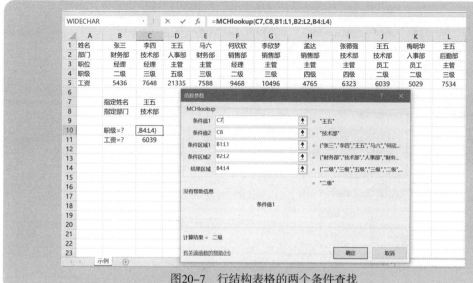

图20-7　行结构表格的两个条件查找

代码20018　获取每个材料的最早采购日期和采购次数

这是一个经常会遇到的实际问题，希望从采购清单中把每种材料的最早采购日期和采购次数提取出来。参考代码如下。运行效果如图20-8所示。

```
Sub 代码20018()
    Dim d1 As New Dictionary
    Dim d2 As New Dictionary
    Dim ws As Worksheet
    Dim i As Long, n As Long
    Set ws = ThisWorkbook.Worksheets("示例")
    On Error Resume Next
    With ws
        n = .Range("A10000").End(xlUp).Row
        For i = 2 To n
            d1.Add .Range("B" & i).Value, .Range("A" & i).Value
            d2.Item(.Range("B" & i).Value) = d2.Item(.Range("B" & i).Value) + 1
        Next i
```

第20章　Dictionary：操作字典

773

```
    .Range("G2").Resize(d1.Count) = WorksheetFunction.Transpose(d1.Keys)
    .Range("H2").Resize(d1.Count) = WorksheetFunction.Transpose(d1.Items)
    .Range("I2").Resize(d1.Count) = WorksheetFunction.Transpose(d2.Items)
End With
On Error GoTo 0
End Sub
```

	A	B	C	D	E	F	G	H	I	J
1	日期	材料	价格	数量			材料	最早采购日期	采购次数	
2	2020-1-1	材料1	22	51			材料1	2020-1-1	49	
3	2020-1-1	材料2	376	74			材料2	2020-1-1	39	
4	2020-1-2	材料3	26	81			材料3	2020-1-2	51	
5	2020-1-3	材料7	54	51			材料7	2020-1-3	39	
6	2020-1-3	材料1	134	30			材料6	2020-1-4	43	
7	2020-1-4	材料6	349	86			材料5	2020-1-5	47	
8	2020-1-4	材料2	43	17			材料4	2020-1-11	41	
9	2020-1-5	材料5	8	76			材料8	2020-1-16	33	
10	2020-1-5	材料3	63	36						
11	2020-1-6	材料3	23	60						
12	2020-1-6	材料2	50	59						
13	2020-1-7	材料2	54	91						
14	2020-1-7	材料3	331	23						
15	2020-1-9	材料3	354	47						
16	2020-1-10	材料6	14	13						
17	2020-1-11	材料1	140	32						
18	2020-1-11	材料4	28	71						
19	2020-1-12	材料3	128	24						

示例　Sheet2　Sheet3

图20-8　每种材料的最早采购日期和采购次数